U0415663

机器学习算法建模分析

Modeling and Analysis of Machine Learning Algorithms

邱宁佳　王鹏　胡小娟　杨迪　著

国防工業出版社

·北京·

内 容 简 介

本书从机器学习的基本概念出发，系统地介绍了各种机器学习算法的原理与应用，帮助读者深入理解并灵活运用这些算法。书中强调了算法在实际问题中的应用与案例分析，通过完整的解决步骤和结果展示，使读者能够充分掌握算法建模的技术。本书涵盖了监督学习、无监督学习、半监督学习等主要机器学习算法，并结合多种常见应用场景，通过实际实例帮助读者了解算法的实现效果，提升在实际工作中的应用能力，并积累宝贵的实战经验。此外，作者分享了在机器学习领域的独特见解，为读者提供了更深层次的理解。

本书不仅适用于从事数据挖掘、文本分类、情感分析、特征选择和聚类研究等领域的研究人员、工程师和数据分析师，也可以作为学生的参考资料，为他们提供理论与实践结合的学习资源。

图书在版编目(CIP)数据

机器学习算法建模分析/邱宁佳等著.—北京：国防工业出版社，2024.8
ISBN 978-7-118-13164-2

Ⅰ.①机… Ⅱ.①邱… Ⅲ.①机器学习—算法—系统建模 Ⅳ.①TP181

中国国家版本馆 CIP 数据核字(2024)第 065403 号

※

国防工业出版社出版发行
(北京市海淀区紫竹院南路 23 号　邮政编码 100044)
天津嘉恒印务有限公司印刷
新华书店经售

*

开本 710×1000　1/16　**印张** 8½　**字数** 142 千字
2024 年 8 月第 1 版第 1 次印刷　**印数** 1—1600 册　**定价** 90.00 元

(本书如有印装错误，我社负责调换)

国防书店：(010)88540777　书店传真：(010)88540776
发行业务：(010)88540717　发行传真：(010)88540762

前　言

时代在进步,信息技术不断推陈出新,大数据、人工智能、机器学习等新技术的应用,正渐渐改变着我们的生活和工作。随着机器学习理论的不断更新,各种算法不断涌现,更加强大和智能的机器学习算法已成为一个新兴的研究领域。这些算法使得机器具有了更强的智能和预测能力,从而带来了巨大的产业变革和机遇。在此背景下,我们编写了此书,旨在帮助大家理解机器学习算法的基础和实践,从而使其在实际应用中发挥出更高的价值。

机器学习作为人工智能领域的重要分支,在国内外的研究中得到了广泛应用,取得了很多重要进展。尤其是在计算机视觉、自然语言处理等领域,机器学习通过对数据的深层次挖掘,能够从数据中获取更多有价值的信息。然而,机器学习在国内的应用依然存在着诸多的问题:一方面,机器学习目前在国内的应用领域相对狭窄;另一方面,由于缺乏技术积累和人才培养,机器学习应用的质量和效率都面临着一定的困难。

本书立足于国内机器学习应用的实际情况,深入分析了机器学习算法的理论和应用,并通过案例的引入和解析,向读者展示了机器学习的实际效果。本书还提供了全面、系统的建模分析方法,帮助读者深入了解机器学习算法的原理和应用技巧,并在实际工作中灵活应用。

本书的特色在于强调了机器学习算法的应用和案例分析,并结合实际问题在完整解决步骤和处理结果展示等方面,提供了全面的算法建模分析方法。本书囊括了监督学习、无监督学习、半监督学习等常见的机器学习算法,结合常见的机器学习应用场景,使读者可以通过实例了解算法的实现效果,掌握基本的机器学习算法原理和应用技巧,并且获得实战经验。

本书结合国内外机器学习领域顶尖专家的意见和经验,从业务和学术两个层面进行详细阐述。本书的章节写作由以笔者为主的机器学习教师团队担纲,我们擅长机器学习的理论分析,深谙机器学习在实际应用中操作的研究、教学和实践,使得本书兼备理论性和应用性,同时也保证了其在学术上的高度。本书的著成还离不开大量实际企业管理者的合作与支持,他们既是机器学习技术的实践者和参与者,也是实际工作中数据的拥有者和应用者,因此本书的相关理论技术具有极高的实践价值。

本书内容主要针对数据挖掘领域,重点涉及文本分类、情感分析、特征选择以及数据存储等多个领域的高级算法和新技术。针对文本分类中采样策略和噪声特征的问题提出了主动否定学习算法、并行化噪声特征消除算法;在微博短文本情感分析问题上提出了基于直推式迁移学习的分类方法;对于K近邻算法的分类精度问题提出了进行属性约简的优化方法并应用了并行计算模式(MapReduce)并行编程模型;针对特征选择中词频的卡方统计算法漏选重要特征问题,本书提出了改进词频的卡方统计算法与随机森林特征选择相结合的特征选择算法;在聚类算法的效率和优化问题上,本书给出了基于遗传算法和MapReduce并行计算编程框架的自适应密度聚类算法和半监督人工蜂群聚类算法。本书能够帮助读者了解最新高级算法和新技术在文本分类、情感分析、数据存储等领域的应用。读者需要有一定的数据挖掘知识储备和编程基础,对于算法实现和优化方案有一定的了解。数据挖掘、文本分类、情感分析、特征选择以及聚类等领域的研究人员、工程师、数据分析师、学生等都可以将本书作为参考和借鉴的工具书。

在本书的写作过程中,我们得到了来自学术界、企业界和长春理工大学各级领导的支持和帮助,他们为本书的编写和审校提供了很多有益的建议和指导,在此向所有支持和帮助过我们的人表示衷心的感谢!作为本书的主编特别要感谢本书的所有参与者,感谢你们付出的辛勤劳动,你们的工作为本书的完成奠定了坚实的基础,令本书得以完美呈现。同时也感谢社会各界对机器学习的关注和支持,我们衷心希望本书能够为读者提供有用的信息和实践指导,为行业发展作出贡献,在未来的发展中,我们将更加努力,推进机器学习技术的创新和应用,迎接一个更加美好的未来。

邱宁佳

2023年6月

目 录

第一章　机器学习算法概述

大数据是由数量巨大、结构复杂、类型众多的数据构成的数据集合，它基于云计算的数据处理与应用模式，通过数据的集成共享、交叉复用形成智力资源和知识服务能力。现今，大数据研究作为一个以计算机科学为主体，涉及经济学、医学、地球科学和生命科学等诸多学科的新兴研究领域正在逐步形成。例如，对于以数据为中心的无线电监测、基因组学、气象预测等科学研究，大数据的处理速度与处理能力直接影响了学科领域的发展程度；而在电子商务、社交网络等商业应用中，有效地分析实时产生的大规模数据，可以大幅提高经济和社会效益。

目前，各类企业、组织和研究机构都相继投入到了大数据的研究中。IBM、微软、甲骨文等全球知名企业已建立了基于大数据的分析处理系统，如 Hadoop、Google Pregel 等，智能电网、SalesforceCRM 等应用也已投入使用；美国准备投资两亿以上美元，用以启动“大数据发展计划”。国内外顶级期刊和会议相继设立了大数据研究的专题，对大数据的最新研究成果进行了报道。《Nature》推出了 Big Data 专刊，深入探讨了大数据的应用和未来发展趋势；《Science》也推出了 Dealing with data 专刊，围绕科学研究中大数据问题的重要性展开了讨论。

随着物联网覆盖的范围越来越广，“人、机、物”三元世界在信息空间（gyber space）中交互、融合所产生并在互联网上可获得的数据也越来越多，这样就产生了大数据问题。大数据的“5V”特性决定了对其进行有效分析和处理异常困难。目前主要的方法集中于数据挖掘、逻辑推理和统计等。

本书对分布的、庞杂的数据进行处理，需要在保证数据质量和可靠性的前提下，抽取有用信息，降低数据维度、去除噪声，并采取统一有效的组织形式和表达方法来表示大量非结构化的数据，建立合理的知识库结构；另外，需要对大数据环境下的信息进行实时查询、统计分析、诊断预警、制定决策等处理和维护措施。目前，国内外许多科研机构和专家学者主要从以下几个方面对大数据开展了研究工作，并取得了一定的成绩。

1.1 垃圾邮件分类算法

随着互联网的发展,邮件、微信、QQ 等网络通信设施已成为人们平时交流的必备方式。而种类繁多的垃圾邮件和信息却时时困扰用户,如何高效检测出这些垃圾信息成为研究热点。目前垃圾邮件识别的研究现状是:

(1) 由于专家标注的经济代价太大,且无法对大规模问题进行有效标注,无标记样本数据数量巨大且容易获取[1];

(2) 现有解决方法中的传统机器学习算法,尤其是有监督学习算法,必须大量标记样本数据,否则泛化性能较低[2];

(3) 对于垃圾邮件过滤问题,用户的个人喜好对分类结果影响较大[3];

(4) 在线进行人工样本标注时,专家无法直接选择最佳标注时机[4]。在这种情况下,主动学习(active learning,AL)方法成为解决上述问题的主流技术。

AL 方法主要分为学习引擎(learning engine,LE)和采样引擎(sampling engine,SE)两部分:LE 部分是在有标记的样本集上循环训练,当达到一定训练精度后输出;SE 部分则是对未标记样本进行选样,提交给专家进行人工标注。Liu 基于在线学习、多领域学习和 AL 方法提出一种新的在线主动多领域学习方法(MFL),降低了垃圾邮件过滤中的人工标记负担和空间存储成本[5]。Benevenuto 针对 YouTube 中的垃圾邮件发送者和接收者信息,利用 AL 方法提取重要度最大的子集对 YouTube 进行检测[6]。Feng 基于 AL 方法提出了一种基于边缘密度的不确定性评估方法,在保证准确率的基础上降低了分类的耗费时间[7]。

否定选择算法(negative selection,NS)模拟了免疫系统识别自体和非自体细胞的否定选择过程,首先随机产生检测器,删除那些检测到自体的检测器,保留检测到非自体的检测器,进而完成自体与非自体数据的分类[8]。其缺点是采样不当时会对分类结果产生影响,且各检测器的覆盖空间有交集,会出现整体覆盖率较低的问题;优点是无需先验知识,只需利用有限数量的自体便能检测出无限数量的非自体。Ismaila 利用粒子群优化方法改善 NS 算法中的随机检测器生成机制,提出基于粒子群优化的消极选择算法(NSA-PSO)模型,可应用于客户-服务器端(CS)的垃圾邮件检测[9],另将局部选择差分进化方法和 NS 算法相结合,用于提高垃圾邮件过滤的准确率[10]。

综上,目前现存的方法中有基于 AL 方法改善邮件分类的,也有基于 NS 算法改进邮件分类的,但都只是在准确率、或召回率、或耗费时间、或标注负担等单方面上有所改善。

1.2 情感分类方法

随着互联网和移动设备的日益发展,微博逐渐成为人们表达观点、人际交流、社会分享及社会参与的重要媒介和平台[11]。微博用户众多,发表的观点和表达的情感五花八门、形态各异,具有普遍性,因此能够准确地把握微博短文本中的情感倾向,有助于大众舆情分析、用户个性化推荐、用户网络安全保障及网络突发事件应对等[12]。文本情感倾向性分类是对带有情感色彩的主观性文本进行分析、处理、归纳和推理的过程,通常分为正面和负面两类或正面、负面和中立三类[13],是近几年文本分类的研究热点之一。现如今文本情感分类大致分为三种途径。第一种是基于机器学习的方法,关于此方法的研究,Davidov 等针对推特(Twitter)提出一种有监督的情感分类框架,用以评估不同特征类型对情感分类的贡献,并判别未标记句子的情感类型[14];Da 等提出一个包含无监督信息的半监督学习框架,通过分类器捕获无监督信息的相似性矩阵用于标注无标记推文(tweet)数据[15];Zhao 等利用支持向量机(SVM)辨别微博短文本中的情感倾向,并将其用于社会情绪传感器(SSS)系统[16]。第二种是基于情感词典的方法,针对这方面的研究,Taboada 等在扩展语义定向计算器的基础上,提出一种基于词典的文本情感抽取方法,用以提高文本分类性能[17];Wu 等总结了三种新的情感知识类型,提出了一种包含异源情感知识的统一化框架,提高了 tweet 的情感分类性能[18];栗雨晴等针对微博中英文双语搭配的使用习惯,提出基于双语词典的多类情感分析方法,构建双语多类情感词典对微博短文本进行多分类语义倾向性分析[19]。第三种是综合机器学习和情感词典的方法,在这方面的研究上,Ren 等基于词汇表征和隐式狄利克雷分布(LDA)建立了加强主题的词嵌入模型,利用支持向量机分类器进行了方法比较[20];Yongyos 等提出了一种融合目标情感特征和用户感知情感特征的基于目标情绪的情感分类方法,创建了附加词典,用以对 tweet 进行情感分类[21];Khan 等通过结合 SentiWordNet 和基于 MOMS 的半监督框架确定特征权重,利用支持向量机进行特征权重学习,使用多目标模型选择过程提高分类性能[22]。

可以看出第三种方法是在前两种方法融合的前提下开展的研究工作,这种方式能够使得情感分析的参考依据更强大,采用的机器学习方法使得在改进提高情感分类性能的方法和手段上也更有优势。然而传统微博短文本的研究多是针对微博中的文字部分,而当前现实社会中人们使用符号简化表达自我的情形日益常见,近年来针对利用表情符号进行微博短文本的情感分类的研究逐渐增多。Jiang 等基于表情符号提出了一种表情符号空间模型用于微博情感分析[23];Zhao 等基于中文微博语料集,建立了一个推文情感分析系统 MoodLens,将 95 个表情符号映射为四类情感,分别作为推文的类别标签[24];Zhang 等通过利用表情符号构建表情符号网络模型来解决公众情感分析问题[25];Feng 等将图形表情符号作为情感标签,提出了一个词与表情符号互相强化的排名模型[26]。本书通过分析现有文本情感分类方法和对微博短文本情感分类的研究现状,结合机器学习中的直推式迁移学习(transductive transfer learning,TTL)方法、传统情感分类极性词典和微博表情符号集,提出了一种新的微博短文本情感分类方法。

1.3 噪声数据消除算法

文本分类中的文本数据并不是清洁的[27],都含有或多或少的噪声数据(例如特征噪声、类别噪声、样本噪声等),这些噪声数据的存在增加了文本分类过程中的运算负担,降低了文本分类算法的准确率。而随着大数据与“互联网+”时代的到来,各种各样的文本类信息成倍增加,形成了海量文本数据,因此如何有效降低海量文本中的噪声数据,进而提高海量文本的分类性能是一个值得研究的课题。

降低文本中噪声数据影响的处理方法大致分为容噪和去噪两种[28]。容噪方法是指在学习过程中增大文本集对噪声数据的敏感度,尽量做到忽视噪声数据。依据该方法的研究有:Aggarwal 等结合经典分区算法与概率模型提出一种新的聚类方法,能够有效降低噪声数据的影响[29];Barigou 针对分类算法 K 近邻,就容噪和高性能计算两方面进行了分析和改造,提出了一种能够提高 K 近邻效率而不降低分类性能的方法[30];Harun 利用遗传算法和主成分分析方法进行重要特征的提取,用于降低噪声特征的影响,从而使计算时间和分类的复杂性均能有效降低[31];Song 等提出了一种基于资源分配网络的改进学习算法,具有一定的容噪能力,能够降低噪声数据对分类结果的影响[32]。去噪方法是指在算法学习过程中辨别噪声数据,并对其进行处理。在此方面的研究上:Yang 利用最小二乘拟合方法提出的文本分类多类别降噪方法,通过删除无信息词和奇异值切割降低训练文本集中的冗余特征[33];王强等针对文本特征的类别属性提出类别噪声数据裁剪方法,但算法准确率不高[34];Gong 等提出一种基于监督学习方法生成的自动去噪器,用于删除文本集中的噪声,能够提高各文摘算法的速度和质量[35];Altinel 等提出了一种语义半监督学习算法,能够在一个相对较大且复杂的训练集上建立分类模型时有效地消除噪声数据,且能够在已标记样本有限的情况下有效提高分类正确率[36]。

综上,噪声消除方法由于应用方向不同而有针对性地在各应用领域进行了改造,但在分类准确率上,尤其是海量文本分类准确率仍不能达到很理想的状态。

1.4 朴素贝叶斯算法

朴素贝叶斯算法是一种简洁而高效的分类算法,在很多情况下达到的分类效果可以与一些复杂分类算法相媲美。但其以假设条件属性变量之间相互独立为前提,而在现实应用中,事务的各属性之间大都有着一定的联系。因此,朴素贝叶斯算法的这种理想式假设是不合理的,这也使得其分类性能受到很大的影响。为了解决这一问题,相关学者提出了不同的方法来尝试弥补朴素贝叶斯分类器的不足之处,提高其分类精度。

Wu 等以 Hall 所提出的加权方法为目标函数,采用差分进化算法取得属性的最优权值,建立朴素贝叶斯加权模型,使其准确性有所提高[37];Orhan 等提出了一种局部加权方法,通过为经典朴素贝叶斯模型中的每个属性概率分配权重来描述新方程,并使用基于对数的简单假设将其转换成线性形式,利用最小二乘法确定方程中的最优权向量,并以该权向量建立加权模型,使算法的复杂度有所简化[38];Jiang 等提出了一种局部加权的学习方法,应用局部加权的方式来削弱朴素贝叶斯分类器的条件独立性假设,使算法的分类性能明显提高[39];Taheri 等采用基于准割线法的局部优化方法确定目标函数中的最优权值,使模型的分类精度明显优于原有朴素贝叶斯分类模型[40];王辉等采用粗糙集对数据集进行属性约简,减少冗余属性,同时以整个数据集为出发点,使用对数条件似然估计法对条件属性求取全局最优权值,使算法的性能有明显提高[41];董立岩等首先采用无标签训练集求得置信度比较高的样本,再结合有标签训练样本,不断迭代直至整个训练完成,使传统的半监督朴素贝叶斯算法的性能明显提高[42];李楚进等利用主成分分析法提取独立属性的性质,构造新的属性,达到提高分类效果的目的[43];刘月峰等采用最小二乘法确定目标函数,以森林优化算法优化权值,使分类器的性能有了显著提高[44];杨雷等利用支持向量机构造一个最优分类超平面,根据每个样本与其距离最近样本的类型是否相同对特征属性向量进行取舍,降低样本空间规模,最后使用朴素贝叶斯算法训练样本集生成分类模型[45]。

上述朴素贝叶斯模型均在不同程度上提高了朴素贝叶斯算法的分类性能,然而这些研究有些没有属性约简,致使过多的冗余属性降低了算法分类准确性,增加了计算复杂度;有些没有权值优化,权值的大小完全取决于所选定的方法,无法在分类过程中适当地放大或缩小,会影响分类的效果;还存在没有设定初始权值的问题,在优化过程中的这种盲目性,增加了权值寻优的时间。

1.5 空间密度聚类算法

一直以来空间密度聚类算法(DBSCAN)都存在着以下两个问题:只能依靠经验来设置阈值(minPts,Eps)导致聚类结果质量无法保证、处理海量数据集时效率低下。在传统算法中,设置阈值参数的方法是:直接设定 minPts 为 4,通过观察来判断设置 Eps,进而导致后续聚类结果的质量无法保证。目前很多学者针对聚类质量问题提出了大量改进建议:陈刚等提出一种基于高斯分布的自适应 DBSCAN 算法用以改进 minPts 和 Eps 的精准度[46];冯振华等提出 Greedy DBSCAN:一种针对多密度聚类的 DBSCAN 改进算法,采用贪心策略自适应地寻找 Eps 半径参数进行簇发现,提高了聚类准确度[47];Ester 等提出了基于密度的集群概念来优化 DBSCAN 算法[48];Wang 等提出基于密度的自适应空间聚类,根据数据结构的特点,通过不断地改变 minPts 的值来确定 Eps 的最优解,以达到自适应求解的过程[49];针对处理大数据集的耗时问题,Uncu 等提出了基于网格密度的空间聚类算法(GRIDBSCAN),将数据集网格化以减少计算耗时[50];刘淑芬等提出了基于网格单元的 DBSCAN 算法,通过对数据空间进行网格单元划分,来优化 DBSCAN 算法中最耗时的区域查询过程,提高了整个算法的运行效率[51]。

云计算及 Hadoop 平台的出现,为解决计算效率低耗时长又提供了一条蹊径。罗启福等提出了基于云计算的 DBSCAN 算法研究,通过在并行计算模式(MapReduce)框架下对 DBSCAN 聚类算法进行封装,大大提高了算法的运行效率[52];杨亚军等提出了基于 MapReduce 的自适应密度聚类算法研究,对数据进行归一化处理,并将处理后的数据进行分块,最后在划分的每个数据块上分别应用改进的自适应密度聚类算法(ADC)进行聚类,实现基于 MapReduce 的自适应 DBSCAN 聚类[53];He 等提出一种基于 MapReduce 的高效并行的密度聚类算法,通过采用快速分区策略对大规模分索引数据实现四级 MapReduce 范式,提高算法效率[54]。但上述改进工作仍然无法真正地实现数据集高效规划出合理的阈值。

1.6 数据集群存储策略

分布式集群存储是一种大数据存储管理的关键技术,其中 HDFS 因其高传输率和高容错性成为解决大数据高效存储应用的有效方法[55-56]。考虑到HDFS数据放置策略的随机性方式容易造成数据分布不均衡,进而会影响系统整体性能的问题,目前已经从多种角度提出了解决此问题的研究方案[57]。王宁等提出了一种满足用户需求的存储数据块的最小服务成本策略,能够实现副本数和副本位置的动态调整,能节省存储空间,提高系统的可靠性和稳定性[58];翟海滨等提出一种权衡存储成本和带宽成本的P2P缓存容量设计方法,将最优缓存容量设计问题描述为整数规划问题[59];Pamies-Juarez等推断出最优数据放置策略,降低使用的冗余,然后降低相关联的成本[60-61]。但这些研究中,在选择数据可靠性提升的同时,没有兼顾到数据均衡问题和系统执行性能等问题。

针对上述问题,李建敦等提出了一种基于布局的虚拟磁盘节能调度方法,动态划分为工作区与就绪区,以工作区为主向用户分发资源,能够有效地缓解响应时间延长的问题[62-63];江柳等提出了一种通过数据节点(Datanode)缓存部分小文件的策略来解决名称节点(Namenode)在存储时的性能瓶颈问题,以降低访问时延,提高访问效率[64-65];王意洁等提出了分布式文件管理系统(HDFS)中文件读写过程中的并行传输策略,以改进副本自动复制策略,提高读写效率,降低延迟时间,为云存储用户提供高效并稳定的服务[66-68]。在此基础上,本书提出了使用一致性哈希算法对数据副本进行分散存储的方法,结合一致性哈希改进算法[69-71],引入虚拟数据节点与等分存储区域[72-74],能够在考虑数据均衡分布的同时,自适应地完成存储数据的快速定位,提升系统性能。

1.7 K近邻分类算法

随着信息技术以及“互联网+”的快速发展,数据在大容量、多样性和高增速方面爆炸式增长,给数据的处理和分析带来了巨大挑战[75]。数据的分类处理就变得尤为重要,在经典分类算法中K近邻(k-nearest neighbor,KNN)分类算法操作比较简单,在诸多领域都有很广泛的应用。不过KNN分类算法作为一种惰性算法在处理大容量数据集时,由于数据的属性较多,会影响KNN算法的分类效率和分类精度,因此对KNN分类算法进行改进是很有必要的。

国内外的学者们对KNN分类算法已经有了一些研究,国内外研究现状比较丰富。闫永刚等提出了将KNN分类算法通过MapReduce编程模型实现并行化[76];Papadimitriou等提出了一种新的聚类分析算法DisCo[77],且将这种新算法应用在分布式平台上进行并行化实验研究;鲍新中等应用了粗糙集权重确定方法来解决粗糙集信息上的权重确定问题[78];汪凌等应用了一种基于相对可辨识矩阵的决策表属性约简算法来解决 KNN 分类算法中的数据冗余问题[79];张著英等在研究 KNN 分类算法时将粗糙集理论应用到 KNN 分类算法中从而实现属性约简[80];樊存佳等提出了一种基于文本分类的新型改进 KNN 分类算法[81],同时采用聚类算法裁剪对 KNN 分类贡献小的训练样本从而减少数据冗余;Zhu 等提出了一种基于哈希表的高效分类算法 H-c2KNN[82],应用在高维数据下的 KNN 分类算法中;Wang 等提出了一种基于内核改进的属性约简 KNN 分类算法[83];吴强提出了一种属性约简方法是基于概念格的[84],将粗糙集理论的可辨识矩阵方法应用于概念格的约简从而提高效率简化问题;鲁伟明等提出了一种基于近邻传播的改进聚类算法 DisAP[85],并将其应用在 MapReduce 编程框架中;王煜将 KNN 文本分类算法进行了基于决策树算法的改进并进行了并行化研究[86];梁鲜等提出了一种全局 K-均值算法[87],解决了全局 K-均值算法时间复杂度大的问题;王鹏等提出了在 MapReduce 模型基础上的 K-均值聚类算法的实现问题[88]。

1.8 特征选择算法

传统特征选择算法(CHI)在计算特征词与类别相关性时只考虑特征词是否在文档中存在,却不考虑该词出现的次数,因此特征词在某篇文档中出现一次与出现多次的卡方值相同,这种现象就会导致文档频率相对较小但词频很大的重要词被忽略。且传统 CHI 算法没有区分特征词与类别负相关的情况,即当一个特征词在某类中很少出现,在其他类中经常出现时,利用 CHI 算法得到该词的卡方值很大,导致该词被选为重要特征词。针对以上问题,相关研究人员做了大量的改进工作。Jin C 等提出了基于特征词频率和特征词分布的改进 CHI 算法,充分考虑了特征词的词频和特征词在每个文档中的分布,并通过实验对比 Macro-F1 和 Micro-F1 值表明改进算法优于传统 CHI 算法[89]。冀俊忠等采用类别加权和类别方差统计的策略来改进 CHI 算法,并将 CHI 算法中特征词与类别正负相关的情况分开来计算,然后用改进后的算法进行特征选择,明显提升了在小类别上的分类效果[90]。Lei Y 提出了结合归一化长度频度(NLF)和词频分布(FD)的归一化词频(NF)来计算词频对类别的影响,并将特征词的集中度和分散度引入到 CHI 公式中,得到了改进的 NF-CHI 特征选择算法,通过在多类情感文本中的实验表明,改进算法提升了情感类文本的分类准确性[91]。徐明等引入了频度参数来调节传统 CHI 忽略特征词词频的问题,去除了特征词与类别负相关的情况,并将改进后的卡方统计量融入到权重计算中去,通过实验表明改进算法提升了微博分类的效果[92]。此外,有部分学者提出将 CHI 算法与其他理论结合起来进行特征选择,并通过实验表明该类做法的有效性。Ruangkanokmas P 等通过 CHI 算法过滤掉不相关的特征,然后再结合深度信任网络(DBN)进行特征选择,实验表明结合 CHI 提出的基于特征选择的深度信念网络算法(DBNFS)较其他半监督学习算法具有更高的分类精度和更快的训练速度[93]。Imani 等在 CHI 选择过程中,加入了基于遗传算法(GA)的快速全局搜索功能和蚁群优化(ACO)的正反馈机制,提出的算法使分类器的准确率得到了较大的提升[94]。Hawashin 等首先通过传统 CHI 进行特征选择,然后再结合余弦相似度进行二次特征词选择以消除更多无用特征,实验证明改进算法优于现有的深度优先搜索(DF)、信息增益算法(IG)、传统特征选择算法(CHI)等算法[95]。Bahassine 等利用传统 CHI 计算特征词与每个类别的卡方值,然后分别对它们进行排序,再从每个类别中各选出一些特征词组成整个数据集的特征项,实验证明该算法较传统 CHI 算法提高了分类器的召回率[96]。还有一些学者专门针对特征词词频对分类的影响进行了分析,并将词频与文档频率结合起来进行特征选择,通过实验表明结合后的方案能进一步提升特征选择的效果。Azam 等对基于文档频率的特征选择指标可变组件模型指标(DPM)和基尼系数指标(GINI)指数进行了改进,得到的融合词频的可变组件模型指标(NTF-DMP)和融合词频的基尼系数指标(NTF-GINI)融入了词频的计算,通过在不同维度下的实验表明改进算法在较小的特征集下优于原算法和传统的 CHI 算法[97]。Liu 等结合基于文档频率的最优特征选择算法(ODFFS)和基于词频的特征选择算法(TFFS),提出一种组合文档频率和词频的混合算法(HBM),并提出一种特征子集评估参数优化算法(FSEPO),在四个语料库中对比 AUC 和 F1 值,表明 HBM 算法优于 IG、CHI、GINI、多类优势比(MC-OR)、NTF-DMP、关键信息熵度量的特征选择方法(CMFS)等算法[98]。

CHI 属于滤波(Filter)类算法[99],具有速度快,计算量小的特点;融合特征选择的随机森林算法(RFFS)属于基于机器学习的特征选择技术(Wrapper)类算法,它通过分类器的准确率来度量特征的重要性[100],虽然准确度高,但计算复杂,适合处理数据较少的情况。一些研究者将两类算法结合起来进行特征选择,融合了两者的优点,取得了不错的效果。王玲等提出一种混合 Filter 和 Wrapper 的特征选择算法,基于 Filter 启发式搜索特征子集,以贝叶斯分类器的误分率作为搜索停止条件,在多个数据集上进行实验,结果表明混合算法性能好、效率高[101]。陶勇森等提出结合信息增益与和声搜索算法的封装过滤选择模型,用于处理语音情感特征,模型综合了过滤器快速、封装器精准的优点,能选择出维度低、分类效果好的特征子集[102]。Pourhashemi 等提出一种结合 CHI 算法和 CNB 分类器的混合特征选择算法用于垃圾邮件过滤,多个分类器上的分类结果表明,混合算法改善了自动垃圾邮件检测的效果[103]。Boucheham 等提出了一种混合过滤特征选择算法(HWF-GS),通过两个步骤进行特征选择:第一步是基于迭代过滤器的机制来产生潜在的特征子集;第二步是通过基于封装器的协商一致过程,利用粒子群优化来聚集最佳特征子集,通过在多种癌症 DNA 数据上的实验结果表明,HWF-GS 算法具有较高的分类准确度[104]。

1.9 半监督混合聚类算法

半监督聚类算法作为研究热点受到广泛关注,它利用部分先验信息指导聚类过程提高准确率。它大致可以分为基于约束的半监督聚类算法[105]和基于距离的半监督聚类算法[106]。前者利用标记数据或者成对约束信息来改进聚类算法本身,主要关注目标函数的修改;后者利用标记数据或者成对约束信息学习一种新的距离测度函数来满足约束条件。实际应用中,数据常包含部分标记数据,所以为融合一定比例的有标记数据和大量的无标记数据来改善目标函数,部分学者将智能优化算法与半监督思想结合进行半监督聚类。Zhang 等提出了半监督粒子群算法,该算法同时使用所有样本数据共同确定类的质心,有较高的准确率[107]。Sethi 等将粒子群算法和聚类算法结合,优化聚类算法的聚类效果,得到较高的准确率[108]。刘东林等将人工鱼群算法与 K-均值算法结合而得到一种新的混合聚类算法,解决人工鱼群算法在函数优化问题中存在的后期收敛速度慢、求解精度低等缺点[109]。在众多智能优化算法聚类中,人工蜂群算法(artificial bee colony, ABC)由于参数少、鲁棒性强、过程简单,具有较好的优势,已被广泛应用[110-112]。但是,对于如何利用人工蜂群算法基于有标记数据和无标记数据进行半监督聚类并未深入探讨研究。

1.10 本书主要研究内容

本书针对文本数据处理中的相关算法分析问题设计研究方案,针对多种机器学习与数据挖掘算法进行分析改进研究,并验证相关理论与方法的可行性和适用性。主要研究内容是:

(1) 根据用户少量标注建立双向兴趣集,利用否定选择算法的自体异常检测机制改善主动学习中的采样策略,并将双向兴趣集作为检测器,新增样本集作为自体集,对两者进行异常匹配。

（2）利用主成分分析方法对微博短文本集进行关键特征选择和表情符号极值评分，降低微博短文本的特征维度和计算微博中表情符号的极性评分总值，并通过将情感极值词典作为源领域的方式改进直推式迁移学习方法，将传统情感极值词典中的特征与情感极值迁移学习到微博短文本的情感分类问题中，提高微博短文本情感分类性能。

（3）结合主成分分析方法（PCA）和词频逆文档频率方法（TFIDF），针对冗余噪声特征判定和消除的问题，给出了基于关键特征选择的冗余噪声特征消除算法，针对错误噪声特征过滤、检测和删除的问题，给出了错误噪声特征检测算法。

（4）针对互信息方法存在的对低频特征词倚重、忽略高频特征词的不足之处，引入了权重因子、类内和类间离散因子进行属性约简；然后基于朴素贝叶斯加权模型，以条件属性的词频比率为其初始权值，利用粒子群优化算法（PSO），迭代寻找全局最优特征权向量，并以此权向量作为加权模型中各个特征词的权值生成分类器。

（5）通过遗传算法迭代优化合理规划密集区间阈值 minPts、扫描半径 Eps 大小，同时结合数据集的相似性和差异性利用 Hadoop 集群高效的计算能力对其进行两次规约处理，将数据合理地序列化，最终实现高效的自适应并行化聚类。

（6）结合虚拟节点技术和均分存储区域技术，提出了嵌套循环式数据一致性哈希优化分布式集群存储的多副本放置策略，有序选择数据副本机架，确定数据节点存储位置，保证数据存储的均衡性分布，可以针对集群的实际要求开展扩展，并按照扩展情况使数据存储完成自适应优化调整，加快数据处理的速度。

（7）采用一种属性约简算法，将待分类的数据样本进行两次约简处理——初次决策表属性约简和基于核属性值的二次约简，进而提高 K 近邻分类算法的分类精度，在此基础上应用 MapReduce 并行编程模型，在 Hadoop 集群环境上实现并行化分类计算实验。

（8）采用改进的 CHI 和 RFFS 的特征选择，利用词频与类别的计算公式和偏差值对分类的影响对分类进一步优化特征集合。通过分类性能对比、统计检验分析等多个实验，从不同角度来对比分析改进算法的有效性。

（9）在 ABC 算法进行分类的基础上提出半监督人工蜂群聚类算法（SSABC），不同时间段全局搜索和局部搜索能力相同，结合 K-均值算法加快聚类速度，提出了参数自适应学习的半监督混合聚类算法（adaptive parameter learning semi-supervised hybrid clustering，APL-SSHC），有较好的聚类效果。

第二章　基于主动学习和否定选择的垃圾邮件分类算法研究

针对现在网络上垃圾邮件泛滥的问题,本章结合主动学习方法和否定选择算法提出了一种二类文本分类方法:主动否定学习算法(active learning negative selection text categorization,ALNSTC)。根据用户少量标注建立双向兴趣集,利用否定选择算法的自体异常检测机制改善主动学习中的采样策略,并将双向兴趣集作为检测器,新增样本集作为自体集,对两者进行异常匹配。本章算法与在线垃圾邮件快速识别方法、增强差异性的半监督协同分类算法、垃圾邮件过滤方法、基于人工高免疫的多层垃圾邮件过滤算法和在线主动多领域学习方法在六个常用邮件语料集上进行了分析比较,结果表明本章算法具有较高的准确率、召回率、分类精度,和较低的用户标注负担,使用用户个性喜好转换为双向兴趣特征的方式有助于提高算法的分类能力;利用异常检测匹配选取未知类别特征的方式,有效地降低了用户标注负担。

2.1　主动否定学习算法基本思想

2.1.1　准备工作

在进行邮件分类前,首先对邮件进行预处理操作。鉴于邮件本身的隐私性和特殊性,对邮件中的附件、标签、停用词等进行预处理后,进行分词和还原词根处理,再对其进行编码,将邮件文本中的文字转换为数字代码的格式,规避用户隐私泄露。

将经过预处理的邮件文本作为样本,每个样本经分词后形成一组原特征,组成原特征集。为减少计算负担,本章采用文献[12]中的 Bi-Test 方法对每个原特征集进行关键特征筛选,用其代替样本进行分类操作,有效降低了特征空间的维度。

2.1.2　建立用户兴趣集

将已标注的少量邮件作为本章算法的初始训练集 S_0,其中既包含合法邮

件,也包含垃圾邮件。对 S_0 经过一系列预处理后变成 S_0',对 S_0'进行关键特征选择,得关键特征集 FS_0,$FS_0=\{FS_{01}, FS_{02}, \cdots, FS_{0K}\}$,$FS_{0i}$代表某一邮件的关键特征集。合法邮件的关键特征集组成用户正向兴趣集 P,垃圾邮件的关键特征集组成用户负向兴趣集 N,且 $P\cap N=\varnothing$。双向用户兴趣集的建立过程如图 2.1 所示。通过 S_0 创建用户兴趣集 P 和 N 的详细算法如算法 1 所示。算法 1 的计算复杂度为:$|FS_0|\times \mathrm{Max}(|FS_{0j}|)$,其中$|FS_0|$为初始样本个数,$FS_{0j}$为关键特征个数最多的样本,且经由 Bi-Test 方法知 $\mathrm{Max}(|FS_{0j}|)\geqslant 5$。

算法 1:建立双向用户兴趣集

输入:原始特征集 S_0'

输出:正向用户兴趣集 P 和负向用户兴趣集 N

1. 初始化集合 $FS_0=P=N=\varnothing$
2. 对 S_0'进行分类
3. 计算 S_0'的关键特征集合 FS_0 =Bi-Test(S_0')
4. For each FS_{0j} in FS_0
5. If FS_{0j}所属邮件是合法邮件
6. $P=P\cup FS_{0j}$
7. Else If FS_{0j}所属邮件是垃圾邮件
8. $N=N\cup FS_{0j}$
9. End
10. End
11. If $P\cap N\neq\varnothing$
12. $P=P-P\cap N$
13. $N=N-P\cap N$
14. 返回 P 和 N

2.1.3 主动否定学习算法

根据邮件在线处理和实时处理的需求,将两个兴趣集作为检测器,新增样本集作为自体集,对两者进行异常检测匹配。设 $FNew_i$ 为新增样本集 New_i 经过 Bi-Test 方法筛选后的关键特征集。选用文献[12]中基于海明距离的相似度评估方法:

$$\text{Hamming similarity}=\sum_{i=1}^{M}\overline{(A_i\oplus B_i)}\quad (A,B\in\{0,1\}^M) \tag{2.1}$$

作为本章异常检测的匹配规则。式(2.1)中 A、B 分别代表有限长度的符号串,M 代表检测器中符号串的总数。将图 2.1 中获得的正向兴趣特征集 P 和负

向兴趣特征集 N 作为检测器,每次从 FNew_i 中抽取一个特征 f_j,根据设定的匹配规则与检测器进行匹配,当结果为“匹配”时代表该特征存在于 P 或 N 中,即可判定该特征所属样本类别为合法邮件或垃圾邮件,将此特征保存在 P_i 或 N_i 中。当结果为“不匹配”时,表明该特征不存在于 P 或 N 中,将其放入未知类别特征集 NP_i 或 NN_i 中,等待下一步的不确定性鉴定。

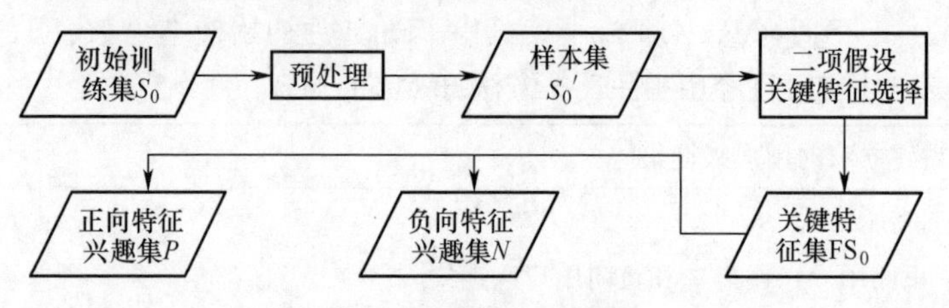

图 2.1　生成用户兴趣集

设 XN_i 为最具有标注价值的关键特征集,$\mathrm{XN}_i=\mathrm{NP}_i\cap\mathrm{NN}_i$,将 XN_i 推荐给用户进行标注。由于用户是对邮件进行标注,所以需要将 XN_i 还原为邮件,用户标注完成后再将邮件还原为 XN_i。将用户标注后的 XN_i 划分为正向兴趣子集 XNP_i 和负向兴趣子集 XNN_i,若 $\mathrm{XNP}_i\cap\mathrm{XNN}_i\neq\varnothing$,则对 XNP_i 作如下处理:$\mathrm{XNP}_i=\mathrm{XNP}_i-\mathrm{XNP}_i\cap\mathrm{XNN}_i$。利用兴趣子集 XNP_i 和 XNN_i 更新用户兴趣集 P 和 N,根据分类后的 $P_i\cup\mathrm{XNP}_i$ 和 $N_i\cup\mathrm{XNN}_i$ 对样本集中的样本类别进行自动标注,进而对邮件进行自动标注,然后等待新邮件集 New_{i+1} 的到来,具体分类匹配流程如图 2.2 所示。

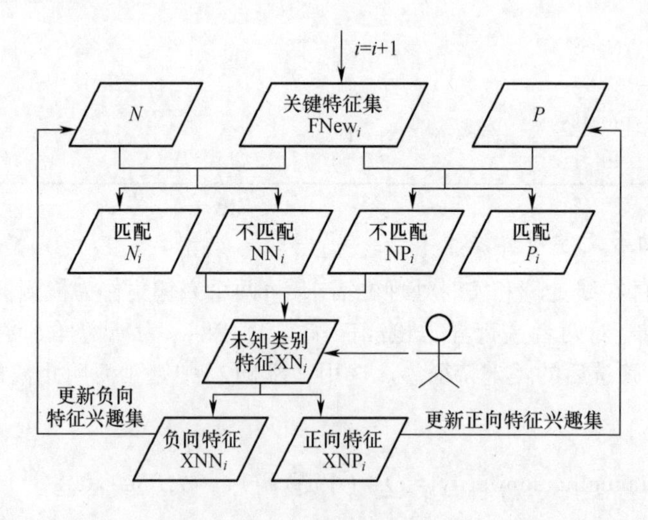

图 2.2　新样本集的分类匹配过程

未知类别关键特征集 XN_i 经用户标注后分成新的兴趣子集 XNP_i 和 XNN_i，用户的动态需求会导致用户个性喜好有所变化，在将新的兴趣子集并入双向用户兴趣集前，要先进行过期兴趣特征的淘汰。首先，检测 $XNN_i \cap P$ 是否为空集，若不为空集，交集中的特征即为需要淘汰的过期兴趣特征，将此交集从 P 中删除；其次，检测 $XNP_i \cap N$ 是否为空集，若不为空集，将此交集从 N 中移除；最后，将 XNP_i 并入 P，将 XNN_i 并入 N，就可以得到更新后的用户兴趣集 P 和 N，其中 $P=P\cup XNP_i$，$N=N\cup XNN_i$。

新增样本集 New_i 中合法邮件的关键特征集 P_i 和垃圾邮件的关键特征集 N_i 是与已存兴趣集 P 和 N 匹配后所得，P_i 和 N_i 与新增样本集的关键特征集 $FNew_i$ 中未知类别的关键特征集 XN_i 之间的关系可证明如下。

已知 $FNew_i=P_i\cup NP_i=N_i\cup NN_i$，$XN_i=NN_i\cap NP_i$，则可推得

$$
\begin{aligned}
& P_i\cup N_i\cup XN_i \\
&= P_i\cup N_i\cup(NP_i\cap NN_i) \\
&= P_i\cup[(N_i\cup NP_i)\cap(N_i\cup NN_i)] \\
&= P_i\cup(N_i\cup NP_i) \\
&= FNew_i
\end{aligned}
$$

又知 $XN_i=XNN_i\cup XNP_i$，因此亦可得 $FNew_i=P_i\cup N_i\cup XNP_i\cup XNN_i$，可推算出 $P_i\cup XNP_i$ 所对应的邮件样本集为 New_i 中的合法邮件集 H_i，以及 $N_i\cup XNN_i$ 所对应的邮件样本集为 New_i 中的垃圾邮件集 S_i。

由此可设计出针对新增邮件集 New_i 的分类算法，如算法 2 所示。

算法 2：基于 AL 算法和 NS 算法的垃圾邮件分类(ALNSTC)

输入：增量样本集 New_i，正向用户兴趣集 P，负向用户兴趣集 N

输出：合法邮件集 H_i，垃圾邮件集 S_i，正向兴趣集 P，负向兴趣集 N

1. 初始化集合 $FNew_i=\varnothing$
2. $FNew_i$=Bi-Test(New_i)
3. P_i=MatchRules($FNew_i$, P)
4. For each $f_j\in P_i$

自动标记 f_j 所属邮件为合法邮件，并将该邮件放入 H_i 中

5. End
6. $NP_i=FNew_i-P_i$
7. N_i=MatchRules($FNew_i$, N)
8. For each $f_j\in N_i$
9. 自动标记 f_j 所属邮件为垃圾邮件，并将该邮件放入 S_i 中

```
10.End
11.NN_i =FNew_i -N_i
12.XN_i =NP_i ∩NN_i
13.将关键特征集 XN_i 还原为邮件集合 XFNew_i
14.对 XFNew_i 进行人工垃圾邮件标注,将标注后的垃圾邮件的关键特征放入 XNN_i 中
15.XNP_i =XN_i -XNN_i
16.For each f_j ∈XNN_i
17.将 f_j 所属邮件放入 S_i 中
18.If f_j ∈P
19.将 P 中的 f_j 删除
20.End
21.End
22.For each f_j ∈XNP_i
23.将 f_j 所属邮件放入 H_i 中
24.If f_j ∈N
25.将 N 中的 f_j 删除
26.End
27.End
28.P=P∪XNP_i
29.N=N∪XNN_i
30.返回 H_i ,S_i ,P,N
```

ALNSTC 算法特征选择的计算复杂度为 $O(|\mathrm{New}_i|)$,$|\mathrm{New}_i|$ 为新增样本集中的特征数量;分类匹配的计算复杂度为 $O((|P|+|N|)\times|\mathrm{FNew}_i|)$,其中 $|P|$、$|N|$ 和 $|\mathrm{FNew}_i|$ 分别表示集合 P、N 和 FNew_i 中的特征总数,且因 FNew_i 是关键特征集,$|\mathrm{New}_i| \gg |\mathrm{FNew}_i|$,相较于计算复杂度为 $O(|S|\times\log(|S|))+O(|S|)$ 的传统特征选择($|S|$ 为样本集的原特征数量[13]),本章分类算法计算复杂度 $O(|\mathrm{New}_i|)$ 能有效减少 CPU 处理时间。

2.2 实验结果及分析

2.2.1 数据集

本章选择 PU1、PU3、PUA、PU2、Lingspam 和 Spambase 六个常用邮件语料数

据集作为实验素材，其中前三个数据集中两种类别的邮件数量相当，后三者中邮件数量分布不均衡，具体如表 2.1 所列。

表 2.1　垃圾邮件语料数据集

数据集	Ham（占比）	Spam（占比）	总计
PU1	618(56.2%)	481(43.8%)	1099
PU3	2111(51.0%)	2028(49.0%)	4139
PUA	571(50.0%)	571(50.0%)	1142
PU2	577(80.0%)	144(20.0%)	721
Lingspam	2412(83.4%)	481(16.6%)	2893
Spambase	2788(60.6%)	1813(39.4%)	4601
总计	9077	5518	14595

2.2.2　评价标准

为了更好地评价 ALNSTC 算法的分类性能，采用准确率（precision）、召回率（recall），接收者操作特性曲线（receiver operating characteristic，ROC）、算法分类平均耗费时间、用户标注负担作为评价标准。本章利用非参数法，通过不同的阈值变化，得到对应分类算法的敏感度（sensitivity）和特异性值（specificity），将（1-特异性）值和敏感度值分别设定为横坐标和纵坐标，用平滑曲线连接各点得到 ROC 曲线。选取 ROC 曲线下与坐标轴围成的面积（area under the curve，AUC）作为 ALNSTC 算法的评估指标。

2.2.3　准确率和召回率分析

选择 QOSI 方法[3]、DSCC 算法[14]、WSF2 方法[15]、MSFA-AI 算法[16]、MFL 方法[5]作为 ALNSTC 算法的参照算法。将表 2.1 中的六个数据集进行预处理后平均分成十份，采用十折交叉验证方法分别进行实验，所得实验结果的准确率和召回率如图 2.3 所示。

从图 2.3 可看出，ALNSTC 算法的准确率和召回率均高于其他参照算法。MFL 方法是先利用信息文档的结构特性进行分域，后将多个域的结果组合，以提高分类性能；QOSI 方法则是利用样本分类确定性评价函数和样本价值评价函数提高分类能力；ALNSTC 算法是将合法邮件的关键特征和垃圾邮件的关键特征转换为正向兴趣集 P 和负向兴趣集 N，代表用户个性喜好，使得新增样本集 $FNew_i$ 与兴趣集进行匹配时获得的特征相似度更加准确。且每次处理 $FNew_i$ 都会更新双向用户兴趣集，使得双向兴趣集更有时效性，更贴合用户当时的个性需求，因此每次匹配准确率更高。而利用特征相似度评估方法对 $FNew_i$ 中任意特

征 f_j 进行评估的方法,大大降低了将垃圾邮件错认为合法邮件的概率,尤其在高特征相似度和高准确率的保证下,召回率得到了有效提高。

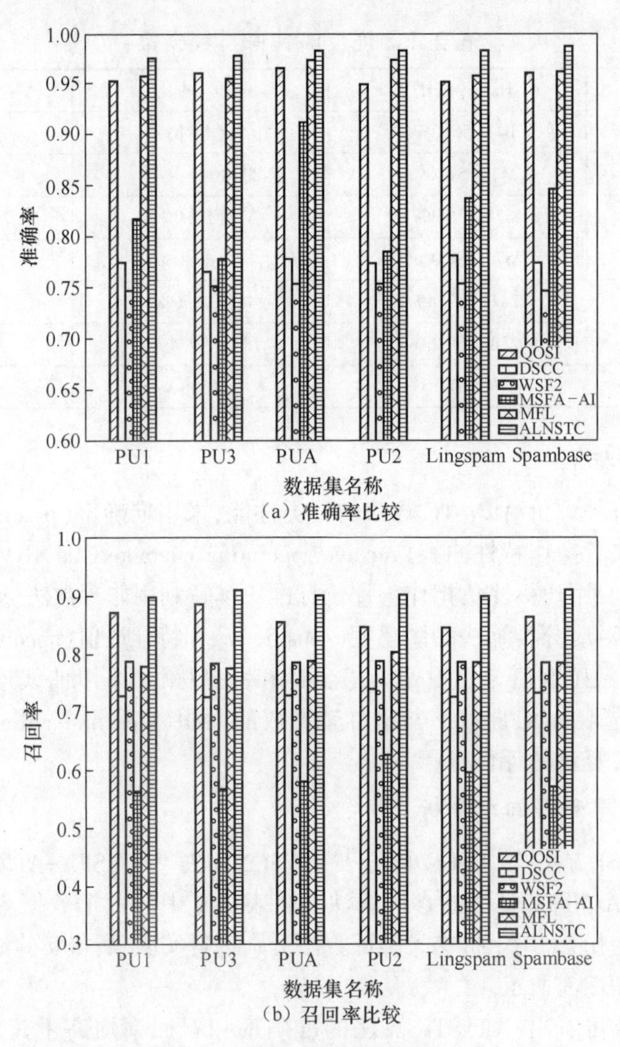

(a) 准确率比较

(b) 召回率比较

图 2.3　各算法的分类结果比较

2.2.4　AUC 分析

由于 ALNSTC 算法可将垃圾邮件和合法邮件中的关键特征按照特征相似度做两端化处理,并能够依据正、负向用户兴趣集,对关键特征集进行分类,选取相似度最靠近中间部分的关键特征推荐给用户进行标注。为了更准确地分析各算法的实际运行情况,选取具有代表性的数据集 PU3 和 Lingspam 作为实验数据集。两个数据集中样本数量较大,PU3 正负数据量相当,Lingspam 正负样本分布最为不平衡。阈值选择方法选择取百分比法,增量为 10%。分别比较六个算法在两个数据集上的 10 次运行情况,取横坐标 1-Specificity = FPR,纵坐标 Sensitivity=TPR,制作成 ROC 曲线如图 2.4 所示。

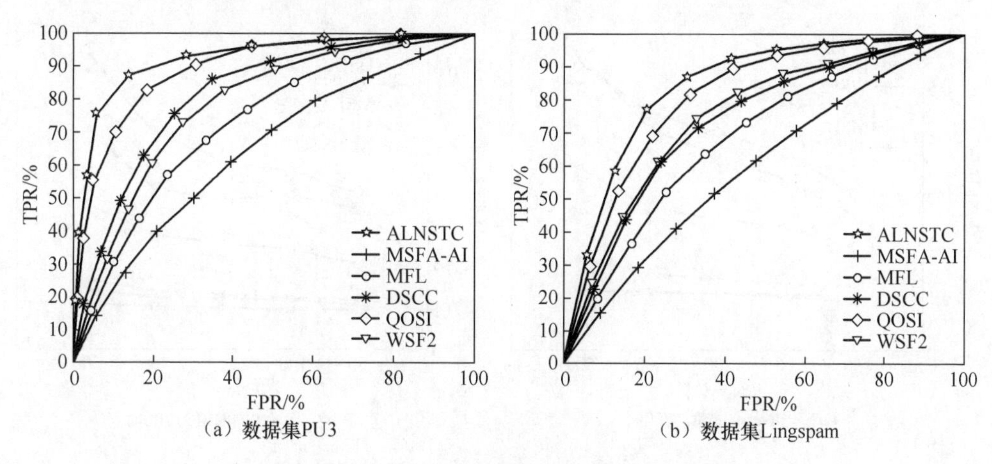

图 2.4　各算法在不同数据集上的 ROC 曲线

从图 2.4 中可看出,与各算法在 PU3 上的 AUC 相比较,在 Lingspam 上的 AUC 都有所减少,这主要因为 Lingspam 数据分布不平衡。ALNSTC 算法的 AUC 都略高于其他参照方法的 AUC,表明 ALNSTC 算法在两个数据集上都具有较高的分类精度。相较于其他垃圾邮件检测中只针对垃圾邮件中的关键特征进行分析,本章算法能够同时对合法邮件和垃圾邮件的关键特征进行相似度评估,且分正向和负向两方面进行匹配,因此在进行分类时有双重保障,因而有较高的分类精度。

2.2.5　分类耗时分析

新增样本集 New_i 的数量分别取 50、200、500,截取关键特征集 $FNew_i$ 中的特征数量为 50、100、200、300、500 时的各算法所用时间。经十折交叉验证方法后的平均分类时间如图 2.5 所示,其中 |FNew| 表示关键特征数量。

可以看出,随着 New_i 的不断增大,所需的分类耗费时间都有所增加。当 $|New_i|=50$ 时,ALNSTC 算法与 QOSI 方法的平均分类时间相差无几,而其他参照算法所用时间略长,如图 2.5(a)所示。随着新 New_i 的不断出现,双向用户兴趣集愈加庞大,用户兴趣集的变化相对减小,且由于 $|FNew_i| << |New_i|$,所用分类时间变化不大,较其他参照算法的耗时有明显优势,如图 2.5(b)和图 2.5(c)所示。由此可见,ALNSTC 算法因其低计算复杂度而能与同类分类算法在分类

耗时上相持平,甚至低于同类算法的耗时。MFL 方法选择特定属性域文档分割策略,因为需要对每个域中的文档进行统计、计算和表示,所以每个域分类器的时间开销较大。MSFA-AI 算法中激活阈值设为 0.6,四个检测器间采用“AND”组合关系,因要尽量提高算法准确率,故而时间耗费是六种方法中最大的。

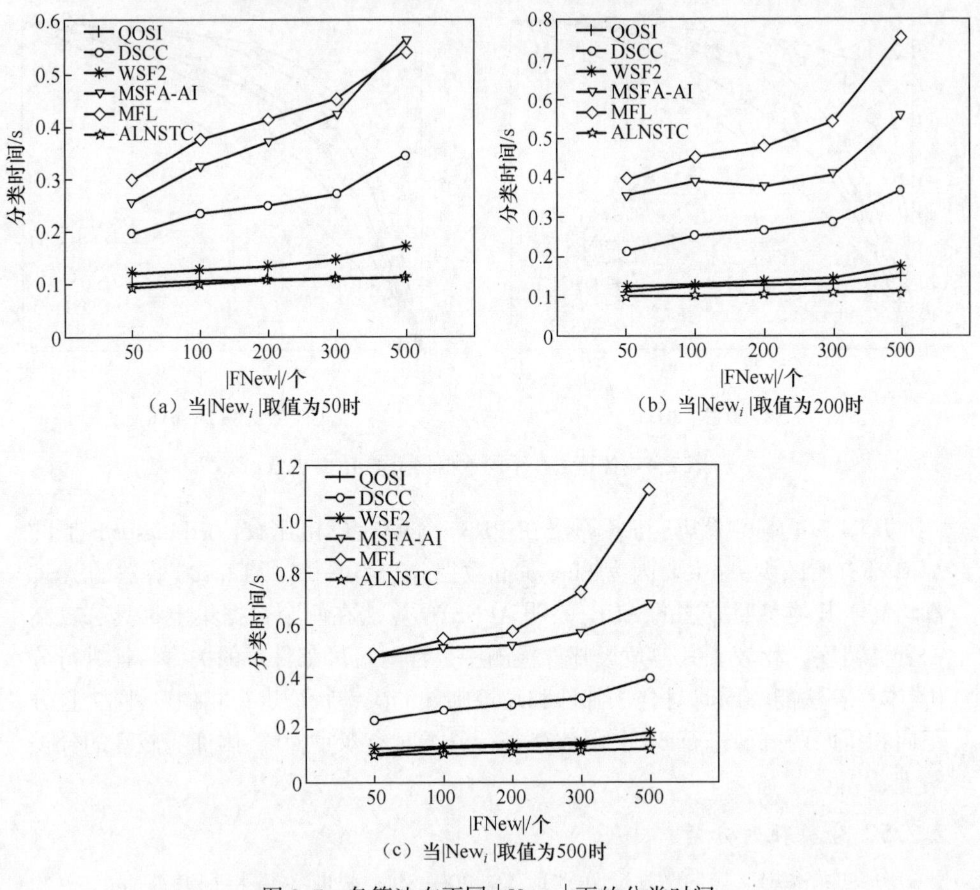

图 2.5　各算法在不同｜New_i｜下的分类时间

2.2.6　用户标注负担分析

为了进行标准评估,设定固定准确率值,记录各个算法在这一准确率下需要人工标注的样本数量。新增样本集 New_i 中的样本数量分别取值为 50、200、500。各算法在 6 个数据集上采用十折交叉验证方法,取 60 个结果中用户标注样本数量的平均值,如表 2.2 所列。ALNSTC 算法实际标注的样本数量均少于其他方法。算法中根据异常检测机制,所有不匹配的情况组成了未知类别特征集 XN_i,而前期关键特征选择使得特征维度骤降,因而｜XN_i｜很小,需要用户标注的邮件也相应很少,因此 ALNSTC 算法能够有效减少用户标注负担。DSCC 算法在此环节表现最差是因为本章实验中选取文献[13]中的样本标注 20%作为实验条件。

表 2.2 各算法在不同 $|New_i|$ 下的用户标注数量

$\|New_i\|$	QOSI	DSCC	WSF2	MSFA-AI	MFL	ALNSTC
50	5.8	9.9	7.1	7.8	9.6	3.7
200	22.2	40.3	26.5	32.7	37.8	11.4
500	57.4	95.9	67.1	79	93.4	36.5

2.3 本章小结

本章针对二类文本分类问题,提出了一种新的主动否定学习算法,用于解决在线垃圾邮件分类。采用准确率、召回率、ROC 曲线、耗费时间和用户标注数目作为 ALNSTC 算法的评价标准,与其他同类方法进行了实验分析,主要贡献总结如下:

(1) 将用户个性喜好转换成正、负向用户兴趣集,对新增样本集中的关键特征分别与正、负向兴趣集中的关键特征进行相似度评估,通过评估确定特征的类别;

(2) 将双向用户兴趣集作为检测器,新增样本的关键特征集作为自体集,通过 NS 算法中的异常检测机制,对两者进行异常检测匹配,结果为匹配时,算法自动对特征进行分类,结果为不匹配时,算法收集为未知类别特征,推荐给用户进行标注;

(3) 通过在六个常用语料集上与其他五种参照算法进行比较,分析可得本章算法具有较高的分类精度以及较低的用户标注负担。

本章算法在常用语料集上能够表现出良好分类性能,下一步将使用 ALNSTC 算法在海量垃圾邮件语料集上进行进一步的实验分析,验证其在各类数据集上的耗时、用户标注和分类能力。

第三章　基于迁移学习的微博短文本情感分类算法研究

为了有效地判定微博短文本的情感倾向性问题，本章提出一种基于直推式迁移学习的微博短文本情感分类方法。在情感分类前，利用主成分分析方法对微博短文本集进行关键特征选择和表情符号极值评分，降低微博短文本的特征维度和计算微博中表情符号的极性评分总值。在情感分类时，通过将情感极值词典作为源领域的方式改进直推式迁移学习方法，将传统情感极值词典中的特征与情感极值迁移学习融入微博短文本的情感分类问题中，达到提高微博短文本情感分类性能的目的。按照逐步分析验证算法有效性的步骤设计完成实验，得出的结论证明本章提出的方案能够有效地筛选出微博短文本中情感极性值较高的关键特征，准确地判定微博短文本的情感分类类别，且在数据集数量渐增的情况下保持稳定的情感分类性能。

3.1　基本理论

文本情感倾向性分析的目的是通过鉴定文本中字或词的情感极性来确定文本的情感倾向性类别，人类的情感庞大又复杂，当前还没有统一的分类标准和类别[113]。本章将微博情感倾向性类别划分为三类：高兴、幸福、喜好归为正面情感(Positive)；愤怒、厌恶、恐惧和悲伤归为负面情感(Nagetive)；惊讶、疑问和其他情感归为中立情感(Neutral)。以新浪微博为研究实例，对其中的中文微博短文本进行了情感三类别分类研究。在本章具体工作中，对新浪微博中的表情符号进行了统计和评分设置，实验中使用的评分设置的可靠性已利用KAPPA方法进行验证[114]。本章中用到的新浪微博中表情符号共有84个，其中正面情感表情符号29个、负面情感表情符号36个、中立情感表情符号19个，部分表情符号及评分如表3.1所列。

通过对传统文本情感倾向性判定方法和微博短文本情感分类方法的研究，发现微博短文本除了具有字数少、包含表情符号、口语化表述居多且含有简单外文字词等特点外，还具备以下规律：

表 3.1　新浪微博中部分表情符号评分示例

表情符号	评分(-2.5,2.5)	表情符号	评分(-2.5,2.5)
[哈哈]	2	[鼓掌]	1.5
[黑线]	-1	[泪]	-2.5
[太开心]	2.5	[思考]	0
[吃惊]	0	[衰]	-2

(1) 表情符号更能直接反映微博中用户要表述的情感;

(2) 表情符号按其所表达情感的强弱可以给予评分设置,如将正面情感设定为正值,负面情感设定为负值,中立情感的值设定为零;

(3) 微博短文本和表情符号一起作为情感分析的对象时,由于增加了可参考的依据,能够有效提高情感分类的准确率。

综合以上规律,结合表情符号在情感分类中的独特作用,本章构建表情符号情感极性评分表,作为微博表情符号的情感极值评判依据,与短文本的关键特征集共同作用于微博的情感倾向性判定问题中。

3.2　新的微博短文本情感分类方法

3.2.1　基本思想

为了解决微博短文本的情感倾向性判定问题,首先,本章引入主成分分析方法(principal component analysis,PCA)改进微博短文本集(short text dataset,STD)的关键特征选择算法,提出新的微博短文本关键特征选择算法(key feature selection algorithm based on PCA,PCAKFS),用以选择更利于微博短文本情感分类处理的关键特征集。在构建关键特征集时,通过匹配本章设置的表情符号评分表,得到微博短文本 STD_i 中表情符号的评分总值 s_i;利用主成分选择公式筛选出微博短文本 STD_i 的关键特征集 TKF_i(这里设定 $TKF_i = \{w_{ij}\}$,w_{ij} 是文本 STD_i 的任意关键特征);然后将 s_i 合入关键特征集 TKF_i 中,进而达到形成微博短文本集 STD 关键特征集 TKF 的目的。

其次,本章按照特征词与情感极性值的形式,分正面情感、负面情感、中立情感三个类别,对现有情感极值词典进行重新整理,构建本章的传统情感极值词典 SDD。现存的常用情感极值词典有:《知网》情感分析用词语集(beta 版)(正面、负面)、台湾大学的 NTUSD(正面、负面)、大连理工大学的中文情感词汇本体库(乐、好、怒、哀、惧、恶、惊 7 类)和清华大学中文系原博的汉语情感词极值表(正面、负面)。对 SDD 的符号化表示为 $SDD = \{(x, y_l) \mid x \in SD, y_l \in CS\}$,SD 表示本章所选择的情感极值词典的总集，$x$ 是情感词典中的任意特征，y_l 是 x 所属的情感类别，CS 是本章微博短文本的情感类别集合，$CS = \{y \mid y \in \{Positive, Nagetive, Neutral\}\}$。

最后，使用改进了的 TTL 方法解决微博短文本的情感分类问题，提出基于迁移学习的微博短文本分类算法（transfer learning sentiment classification algorithm，TLSC）。将传统情感极值词典 SDD 作为迁移学习的源领域，将微博短文本关键特征集 TKF 作为迁移学习的目标领域，结合 SDD 中的特征和特征情感极值 (x,y)，对关键特征集 TKF 进行情感倾向性判定，最终实现输出情感倾向性分类结果的目的。

综上，PCAKFS 算法改进微博短文本关键特征选择算法，TLSC 算法改进了微博短文本情感倾向性分类算法，本章将 PCAKFS 算法和 TLSC 算法相结合（简称 PT 算法）用来解决微博短文本情感分类问题，是一种针对微博短文本情感倾向性判定的本章分类算法改进方案，为解决微博短文本的情感分类问题提供了一种新的研究方案。

3.2.2 关键特征选择算法

为了解决微博短文本情感分类中的关键特征选择问题，本章在 PCA 算法的基础上通过改进原始特征的情感倾向分析和评估方法，得到 PCAKFS 算法。其算法形式化描述如下：设定情感倾向评估值最高的短文本关键特征个数为 k，微博短文本集的原始特征集为 $D_i = \{w_{i1}, w_{i2}, w_{i3}, \cdots, w_{iV}\}$，取 D_i 的向量形式 $\boldsymbol{A} = \{w_{i1}, w_{i2}, w_{i3}, \cdots, w_{iV}\}^{\mathrm{T}}$，则向量 $\boldsymbol{A}$ 的协方差矩阵为 $\Sigma = \boldsymbol{A}\boldsymbol{A}^{\mathrm{T}}$，$\lambda_i (1 \leqslant i \leqslant V)$ 为矩阵 Σ 的特征值，则 $\mathrm{p}_i (1 \leqslant i \leqslant V)$ 为 λ_i 对应的特征向量，$\boldsymbol{B}_i$ 为 $\boldsymbol{A}$ 的第 i 个主成分，$\boldsymbol{B}_i = \boldsymbol{p}_i^{\mathrm{T}}\boldsymbol{A}$；则第 k 个主成分 $\boldsymbol{B}_k$ 对于短文本情感倾向评判的贡献率表示为 $CR(\boldsymbol{B}_k) = \lambda_k / \sum_{i=1}^{V} \lambda_i$；前 k 个主成分的累积贡献率为 $\theta = \sum_{j=1}^{m} \lambda_j / \sum_{i=1}^{V} \lambda_i$；本章累积贡献率取 $\theta \geqslant 0.9$，以此获得关键特征的总数 U，可得关键特征集 $KF_i = \{KF_{i1}, KF_{i2}, \cdots, KF_{iU}\}$，$U \leqslant V$。具体算法步骤如下所示：

算法 1：PCAKFS

输入：微博短文本 $D_i = \{w_{i1}, w_{i2}, w_{i3}, \cdots, w_{iV}\}$

输出：D_i 的关键特征集 $KF_i = \{KF_{i1}, KF_{i2}, \cdots, KF_{iU}\}$

1. 分解 D_i，提取 D_i 中的文字部分放入 Dt_i 中，提取 D_i 中的特殊符号部分放入 De_i 中；

2. 预处理 Dt_i，词组分割后作为特征存入 DT_i；

---

3. 将 DT_i 作为向量,根据协方差矩阵求解,得 DT_i 的前 k 个主成分,将这 k 个主成分对应的原始特征放入关键特征集 $KF_i=\{KF_{i1},KF_{i2},\cdots,KF_{ik}\}$。

4. 将 De_i 与表情符号表匹配,并将结果放入 DE_i 中,$DE_i=\{DE_{i1},DE_{i2},\cdots,DE_{iH}\}$;计算 DE_i 中的总评分 $TotalScore=\sum_{j=1}^{H} SCORE(DE_{ij})$,将 TotalScore 作为 $KF_{i(k+1)}$,得到 D_i 的最终关键特征集 $KF_i=\{KF_{i1},KF_{i2},\cdots,KF_{ik},KF_{i(k+1)}\}$;

5. 输出 $KF_i=\{KF_{i1},KF_{i2},\cdots,KF_{iU}\}$,$U=k+1$。

此算法的预处理主要是删除主题、标签、邮箱、网址、用户名、地名、物品名、人名、前人的回复等与情感倾向性分析无关的噪声数据,从而得到关键特征集。

3.2.3 基于迁移学习的分类算法

本章通过改进直推式迁移学习方法提出 TLSC 算法,用于解决微博短文本的情感倾向性判定问题,将情感极值词典 SDD 和微博短文本集的关键特征集 TKF 作为算法的输入,具体算法步骤如下:

算法 2:TLSC

输入:源领域情感词典 SDD,目标领域短文本 TD_i 的关键特征集 TKF_i

输出:目标领域情感词典 TDD,TD_i 的情感分类类别 TDR_i

1. Term=∅

2. For($j=1;j\leqslant k;j$++)

3. If TKF_{ij}存在于 SDD 中

4. 取 SDD 中对应的(TKF_{ij},y_l)放入 Term 中

5. Else

6. 计算得 SDD 中和 TKF_{ij}词语相似度最高的特征 x,获取其极性 y_l,组成(x,y_l),放入 Term 中;

7. TKFC=TKFC+{TKF_{ij}} //记录没有在 SDD 中出现的关键特征

8. NC_i=CountN(Term,y_l=Nagetive)

9. PC_i=CountP(Term,y_l=Positive)

10. TD_i 的情感分类类别 TDR_i=Judge($NC_i,PC_i,TKF_{i(k+1)}$)

11. TDD=TDD+Term

本算法中词语相似度的计算采用 HowNet 词语相似度计算方法[9],假设特征 x_1 有 g 个概念 $C_{11},C_{12},\cdots,C_{1g}$,特征 x_2 有 h 个概念 $C_{21},C_{22},\cdots,C_{2h}$,则两者的相似度为 $\mathrm{Sim}(x_1,x_2)=\pm\max\limits_{i=1\cdots g,\,j=1\cdots h}|\mathrm{Sim}(C_{1i},C_{2j})|$;情感分类判定函数 Judge 采用公式(3.1)进行判定。

$$
\mathrm{TDR}_i = \mathrm{PC}_i - \mathrm{NC}_i + \mathrm{TKF}_{i(k+1)} \begin{cases} > 0, \text{正面情感} \\ = 0, \text{中立情感} \\ < 0, \text{负面情感} \end{cases} \tag{3.1}
$$

3.3 实验验证及分析

为了全面验证分析 PT 算法的分类有效性及分类性能，本章在一个模拟数据集和三个实际数据集上设计实施了实验。下面就实验数据集、基准方法和实验结果及分析进行阐述。

3.3.1 实验数据集

本章采用的实验数据集共有两处来源：一是选自 NLP&CC2013 语料集，选择其中 14000 条已标注的样例语料（共 45437 个句子，4858 个表情符号，正面情感类别 3182 条，负面情感类别 3768 条，中立情感类别 7050 条），简称 NLP14 数据集，选择其中 23000 条未标注的微博情绪分析测试语料，简称 NLP23 数据集；二是调用新浪微博 API 接口编写网络爬虫来获取语料集，共筛选出 25000 条未标注的微博，简称 LateMar 数据集。对于未标记的微博，本章通过人工标注法对微博短文本进行情感分类。以调查问卷的形式对微博短文本进行情感极性标注，并利用 KAPPA 方法对情感标注结果的一致性进行验证，检测结果见表 3.2。可见 LateMar 数据集的情感极性标注一致性略低于 NLP23 数据集，这说明用户对于 LateMar 数据集中微博短文本的情感类别归属存在更多的分歧，数据集中微博短文本的情感模糊性比较强，这增加了情感极性自动分类的难度。对于情感标注不一致的微博，本章根据少数服从多数的原则来确定其情感极性归属。

表 3.2　微博情感标注一致性检测

数据集	数量	标记(1-2)	标记(1-3)	标记(2-3)
NLP23	23000	0.9245	0.9356	0.9279
LateMar	25000	0.8921	0.9015	0.8977

使用不同的实验数据集完成相关实验来检测 PT 算法的分类性能，从 NLP14 数据集中选取 3000 条微博作为实验一的实验数据集 TD0，选取 6000 条微博整理成三份（TD5-TD7）作为实验三的数据集，选取 5000 条微博作为实验四的数据集 TD8；将 NLP23 数据集中 23000 条微博和 LateMar 数据集中 25000 条微博，整理成不均等的四份数据（TD1-TD4），作为实验二的数据集。实验数据集详细情况如表 3.3 所列，其中，|STD| 为数据集中的微博短文本的总数，SN

为微博短文本集的句子总数，E_total 为微博短文本集中出现的表情符号总量，正面情感为微博短文本集中属于正面情感类别的微博短文本数，负面情感为微博短文本集中属于负面情感类别的微博短文本数，中立情感为微博短文本集中属于中立情感类别的微博短文本数，EW 为微博短文本集中包含表情符号的微博短文本数。

表 3.3　实验中所用数据集

编号	|STD|	SN	E_total	正面情感	负面情感	中立情感	EW
TD0	3000	5839	870	1000	1000	1000	492
TD1	5000	8341	1581	1459	1119	2422	827
TD2	9000	20271	3472	2898	2867	3235	1698
TD3	14000	24753	4534	3750	3683	6567	2296
TD4	20000	35912	6608	5443	4566	9991	3281
TD5	2000	4526	0	577	532	891	0
TD6	2000	3520	2000	680	459	861	2000
TD7	2000	3717	11490	824	739	437	2000
TD8	5000	9732	1481	1206	1368	2426	675
总计	62000	116611	31836	17837	16333	27830	13263

3.3.2　基准方法

本章选择的三种算法评价标准分别为准确率（Precision）、召回率（Recall）、F1 值。已知类别 $y \in CS$，设 TT 表示微博实际情绪为 y 且判定为 y，TF 表示微博实际情绪不是 y 却被判定为 y，FT 表示微博实际情绪为 y 却被判定情绪不为 y，FF 表示微博实际情绪不为 y 且被判定为不是 y，则准确率为

$$\text{Precision} = \text{TT}/(\text{TT} + \text{TF}) \tag{3.2}$$

也称为查准率，表示被算法辨别出来情绪中有多少是类别正确的；准确率越高，误判的情况越少；召回率为

$$\text{Recall} = \text{TT}/(\text{TT} + \text{FT}) \tag{3.3}$$

也称为查全率，表示所有类别正确的情绪中有多少被算法辨识出，召回率越高，漏判的情况越少；F1 值为

$$\text{F1} = 2 \times P \times R/(P + R) \tag{3.4}$$

表示准确率和召回率的加权调和平均值，是准确率和召回率的综合表示，F1 值越高，表示算法整体的分类性能越高。

考虑到 PT 算法的迁移学习性能和情感极值词典的特点，本章选择基于情

感词典 SentiWordNet 和半监督学习框架的短文本情感分类模型(MOMS)[12]和最有代表性的有监督微博情感分类模型(ESLM)[19]作为参照方法,就准确率、召回率和F1值三方面进行评价分析。

3.3.3 实验结果及分析

针对PT算法的独立分类性能以及其在实际数据集上的分类性能进行了实验,并分析了微博表情符号数量和关键特征选择个数对微博短文本分类性能的影响。

1. 检测PT算法独立分类性能

为了构建独立验证PT算法分类性能的实验环境,要先确认源领域和目标领域中不会出现特征不匹配的情况,这就要求情感极值词典不仅能覆盖所有类别的情感极性特征,而且要完全匹配实验数据集中的特征。首先利用MOMS模型验证PT算法中源领域情感极值词典SDD对于情感极值特征的高覆盖率,再使用SDD代替MOMS模型中SentiWordNet情感词典,对微博短文本集TD0进行情感分类。在验证了SDD能够覆盖三个类别情感极值特征的基础上,设计并调整实验数据集TD0,使SDD能够完全覆盖TD0的关键特征集,再在TD0上执行PT算法,将MOMS模型和PT算法分别对TD0的情感分类结果与NPL&CC2013语料集中的标准标注结果相比较,计算得两种分类方法在TD0上的准确率、召回率和F1值如表3.4所列。MOMS模型在三个类别下的F1值最高可达99.95%,最低可达99.50%,说明情感极值词典SDD能够有效配合MOMS模型进行微博短文本的情感分类,证明了SDD能够充分的覆盖正面情感、负面情感和中立情感三种类别的情感词。而PT算法的准确率、召回率和F1值均都大于99.80%,可见PT算法在相对独立的模拟实验环境下能够有效且准确地进行微博短文本的情感分类,表明PT算法具有优秀的微博短文本情感分类性能。

表3.4 PT算法和MOMS模型的模拟实验结果(%)

参数	PT			MOMS模型		
	正面情感	负面情感	中立情感	正面情感	负面情感	中立情感
准确率	99.90	99.90	99.80	99.90	99.60	99.30
召回率	100.00	99.90	99.90	100.00	99.80	99.70
F1	99.95	99.90	99.85	99.95	99.70	99.50

2. PT算法在实际数据集上的分类性能验证

为了系统验证以情感词典SDD为源领域的PT算法的微博短文本三类别情感分类性能,从语料集中截取四个包含不同微博数量、不同表情符号比例的实际数据集 TD1、TD2、TD3、TD4 作为 PT 算法的目标领域进行实验，验证 PT 算法对实际微博短文本数据集的情感分类性能。为了更好地评价分析 PT 算法的分类性能，选择 MOMS 模型和 ESLM 模型作为参照方法。以 SDD 作为 MOMS 模型的情感极值词典，使用标准标注的 TD0 作为 ESLM 模型的训练集，利用 MOMS 模型和 ESLM 模型分别对四个实际数据集进行微博短文本情感分类，以语料集的人工标注结果为标准，分别计算 PT 算法、MOMS 模型和 ESLM 模型在四个数据集上情感分类结果的准确率、召回率和 F1 值，结果分别如表 3.5、表 3.6、表 3.7 所列。

表 3.5　实验二准确率(%)

编号	正面情感			负面情感			中立情感		
	MOMS 模型	ESLM 模型	PT 算法	MOMS 模型	ESLM 模型	PT 算法	MOMS 模型	ESLM 模型	PT 算法
TD1	79.83	83.66	81.57	82.07	83.92	83.46	79.95	83.44	80.76
TD2	82.79	84.42	89.85	81.80	84.65	90.04	80.21	84.23	87.22
TD3	81.86	85.57	84.79	81.53	86.75	85.14	81.71	85.56	81.94
TD4	82.66	85.86	85.21	81.65	86.20	83.43	82.78	84.03	82.17
平均值	81.79	84.87	85.36	81.76	85.36	85.52	81.16	84.32	83.02

表 3.6　实验二召回率(%)

编号	正面情感			负面情感			中立情感		
	MOMS 模型	ESLM 模型	PT 算法	MOMS 模型	ESLM 模型	PT 算法	MOMS 模型	ESLM 模型	PT 算法
TD1	69.98	82.11	76.76	73.64	85.34	78.46	79.76	83.44	79.40
TD2	78.85	81.50	80.92	78.10	83.12	81.65	81.45	81.61	81.24
TD3	82.69	79.55	82.35	80.21	79.26	80.15	80.26	82.29	80.65
TD4	82.40	81.02	80.98	86.71	82.11	81.91	80.03	80.07	81.01
平均值	78.48	81.05	80.25	79.67	82.46	80.54	80.38	81.85	80.58

表 3.7　实验二 F1 值(%)

编号	正面情感			负面情感			中立情感		
	MOMS 模型	ESLM 模型	PT 算法	MOMS 模型	ESLM 模型	PT 算法	MOMS 模型	ESLM 模型	PT 算法
TD1	74.58	82.88	80.00	77.63	**84.63**	80.88	79.85	83.44	80.08

续表

编号	正面情感			负面情感			中立情感		
	MOMS 模型	ESLM 模型	PT 算法	MOMS 模型	ESLM 模型	PT 算法	MOMS 模型	ESLM 模型	PT 算法
TD2	80.77	82.94	85.15	79.91	83.88	**85.64**	80.83	82.90	84.12
TD3	82.28	82.45	83.55	80.87	82.83	82.57	80.98	**83.89**	81.29
TD4	82.53	83.37	83.04	84.10	**84.11**	82.66	81.38	82.00	81.59
平均值	80.04	82.91	**82.94**	80.63	**83.86**	82.94	80.76	**83.06**	81.77

可以看出：

(1)观察各算法在TD1、TD2、TD3、TD4上的平均值，在正面情感类别和负面情感类别下，PT算法的准确率平均值明显高于半监督的MOMS模型和有监督的ESLM模型，而在中立情感类别下，PT算法的准确率仅比MOMS模型高；其余类别下，PT算法的召回率平均值和平均F1值都比MOMS模型高，而比ESLM模型低。这说明相对于具有高分类性能的有监督情感分类方法而言，虽然PT算法的微博短文本分类性能略低，但考虑到区别于有监督方法中巨大的人工标注代价，PT算法的优越性在于仅依靠情感极值词典的情感处理就能达到现有的分类性能。

(2) 随着数据量的不断增大，PT算法的准确率在三个类别中都仍能保持曲折上升的趋势。表明PT算法在实际数据集数量渐增的前提下，仍能准确辨识微博短文本的正确情感类别。

(3) PT算法在TD2上负面情感类别下的准确率90.04%为实验中各方法准确率中的最高值，PT算法能有如此高的准确率是因为TD2中包含表情符号的微博平均每条包含11.9个表情符号，是四个数据集中表情符号平均含有量最高的；表明文本中使用表情符号越多，其在微博短文本分类中的作用越重要。同理，正面情感类别下PT算法中F1值的平均值最大也是由于这个原因。

(4) 从三种情感分类方法在三个类别下召回率的规律上可以看出，PT算法在四个数据集上的召回率大呈现出略高于MOMS模型，而均低于ESLM模型的趋势，这也符合有监督方法分类性能高于无监督方法的现状；而在TD3和TD4数据集上出现ESLM模型召回率低于MOMS模型的情况，多是由于本章针对ESLM模型选择的训练集情感极性覆盖率低，从而不能很好地对未标记的特征进行情感类别定位，进而导致召回率的降低。

(5) 相较于参照方法的F1值，PT算法在表情符号数量高的数据集TD2上的F1值更高，验证了PT算法能够有效辨识微博短文本中表情符号的情感极值,并将之用于微博短文本情感分类中的论点。综上所述,随着数据集数量的渐增,PT 算法的准确率、召回率和 F1 值都呈现曲折上升的趋势,表明其能够有效且准确地判定微博短文本的情感分类类别,具有较高的分类性能;而随着实验数据集中表情符号数量的增多,PT 算法的准确率随之增长,甚至能达到有监督情感分类方法的分类精度,说明了 PT 算法能够有效且准确地辨识微博中的表情符号。

3. 表情符号数量对分类性能的影响

为了进一步分析数据集中表情符号数量改变时对 PT 算法分类性能的影响,通过对微博短文本中表情符号的调整,设计了不包含表情符号的数据集 TD5、每条微博包含一个表情符号的数据集 TD6、每条微博包含多个表情符号的数据集 TD7 分别作为 PT 算法的目标领域进行实验。将 PT 算法运行 10 次取结果的平均值,与标准标注结果相比计算 PT 算法的准确率、召回率和 F1 值,如表 3.8所列。PT 算法在 TD6 上的准确率明显高过在无表情符号 TD5 上的准确率,而 TD7 上的准确率又高于 TD6 上的准确率;召回率和 F1 值也随着目标领域表情符号数量的增多,呈稳定增长的趋势。说明随着表情符号数量的增多,依据微博表情符号评分表,PT 算法中微博短文本表情符号的情感极性评分总值 $TKF_{i(k+1)}$ 明显超过关键特征集的情感极性评估结果 $PC_i - NC_i$,使得微博短文本的情感极性更加容易确定,从而提高 PT 算法的微博短文本情感分类性能。

表 3.8　TD5、TD6 和 TD7 的准确率、召回率和 F1 值(%)

编号	正面情感			负面情感			中立情感		
	准确率	召回率	F1	准确率	召回率	F1	准确率	召回率	F1
TD5	81.67	76.43	78.95	80.43	76.50	78.42	81.28	78.45	79.84
TD6	83.21	80.15	81.65	84.02	80.17	82.05	81.84	79.56	80.68
TD7	84.76	86.41	85.58	84.74	85.66	85.20	85.29	84.90	85.09

以实验中 TD5 中所得准确率为参照条件,分别计算 TD6、TD7 上的准确率增长比例如图 3.1(a)所示。可以看出,三种情感分类类别的准确率都有持续且明显的增长,其中以正面情感类别增长比例最大最明显,说明 PT 算法在三种类别上都能保持良好且稳定的分类准确率。以实验中 TD5 上所得召回率为参照条件,分别计算 TD6、TD7 中的召回率变化趋势如图 3.1(b)所示,在中立情感类别下包含多个表情符号的 TD7 的召回率增幅相当于 TD6 召回率增幅的 5 倍多,说明 PT 算法对于包含多个表情符号的 TD7 查全率更高。以实验中 TD5 所得 F1

值为参照条件,分别计算 TD6、TD7 上 F1 值的变化幅度,如图 3.1(c)所示,三种类别的 F1 值增幅都依次上升,表明随着表情符号数量的增多,PT 算法的分类精度越高。因此可得:

(1) PT 算法可以有效读取表情符号,精准辨识表情符号的情感极值,进而提高微博短文本的情感分类精度;

(2) 包含表情符号数量越多,PT 算法的分类精度越高;

(3) 同样验证了本章构建的新浪微博表情符号评分表中情感极值评分的合理性。

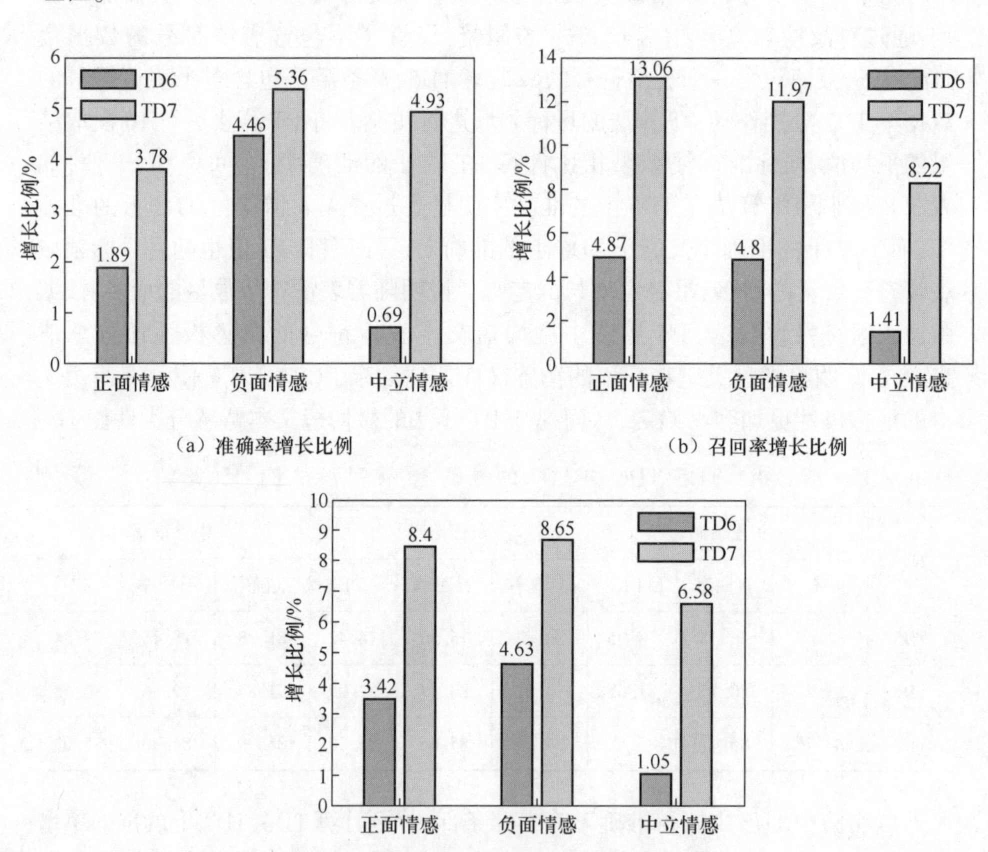

图 3.1 TD6 和 TD7 准确率、召回率和 F1 值的增长比例

4. 关键特征选择上限对分类性能的影响

为了验证 PT 算法中 PCAKFS 算法在微博短文本关键特征选择上的优势,本章选择常用的文本特征选择算法 IG、CHI、TFIDF 作为参照算法,替换 PT 算法

中的 PCAKFS 算法,结合 TLSC 算法在实际数据集 TD8 上进行微博短文本情感分类实验。这里设定 IG+TLSC 简称为 IT 算法,CHI+TLSC 简称为 CT 算法,TFIDF+TLSC 简称为 TT 算法。

首先,利用十折交叉验证法获取四种算法分别在 TD8 上的运行结果,将之与语料集中的标准标注结果进行对比,计算可得四种算法的准确率、召回率和 F1 值,如表 3.9 所列。可以看出 PT 算法的准确率、召回率和 F1 值明显高于其他三种参照算法,尤其是正面情感类别下的准确率、召回率和 F1 值均达到了当前算法和类别中的分类精度最高值。可见,在微博短文本的关键特征选择问题上,PCAKFS 算法较其他参照算法更有优势,更有利于本章中 PT 算法情感分类性能的提高。

表 3.9 四种特征选择算法对应的准确率、召回率和 F1 值(%)

特征算法	正面情感			负面情感			中立情感		
	准确率	召回率	F1	准确率	召回率	F1	准确率	召回率	F1
CT	53.26	50.98	52.09	52.88	49.90	51.35	56.74	50.96	53.69
IT	48.28	44.92	46.54	51.70	45.88	48.61	49.30	45.12	47.12
TT	68.24	62.03	64.99	66.45	60.56	63.37	64.43	62.31	63.36
PT	82.68	71.48	76.67	81.67	70.82	75.86	80.62	69.32	74.54

其次,为了进一步分析 PCAKFS 算法的高效性,将特征选择中特征选择个数的上限分别设定为 50、100、150、200、250,然后按照设定的特征选择上限依次在 TD8 上运行四种算法,可得各算法的准确率变化趋势如图 3.2 所示。PT 算法的准确率远远高于其他参照算法的准确率,且当特征选择上限达到 150 时,PT 算法的准确率曲线慢慢趋于平直,趋势稳定。这说明当 PCAKFS 算法将满足 $\theta \geqslant 0.9$ 的 k 个关键特征都选中时,已经足以准确判定微博短文本的情感倾向性,再增加关键特征个数也作用不大。而其他三种算法的准确率虽然都因关键特征上限的增加而略有提高,但上升幅度不大,说明现有的特征选择数量还不足以让三种算法辨识出微博短文本的正确情感倾向,而图中特征选择上限从 50 个变动到 250 个,三种参照算法的准确率都在曲折上升,更是说明了此时特征选择数量并未达到三种算法的特征数量最佳值。由此可见 PCAKFS 算法能够有效且准确地选择出微博短文本中情感极性评估值最高的特征,且关键特征的选择个数较其他参照算法少,有利于提高后期微博短文本的情感分类性能。

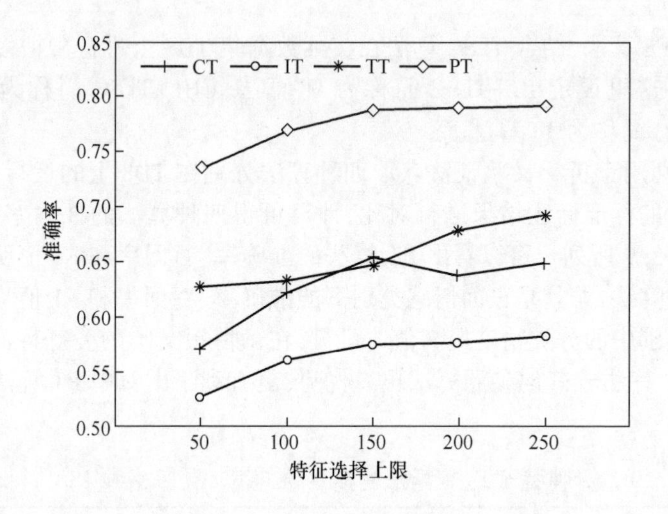

图 3.2　不同特征上限时各算法的准确率

3.4 本章小结

为了解决微博短文本的情感类别判定问题,本章首先提出 PCAKFS 算法,用于微博短文本中文本部分的关键特征选择和表情符号的辨识及评分记录,通过改进 PCA 方法截取具有情感极性评估值最高的 k 个关键特征构建关键特征集,用于消减微博短文本的特征集,达到选择最具情感色彩特征的目的。然后通过改进直推式迁移学习方法提出了 TLSC 算法,用以解决微博短文本情感分类问题,依据本章构建的情感极值词典 SDD 作为迁移学习的源领域,将之与作为目标领域的关键特征集相匹配,检索关键特征所对应的相同或相似的情感极值特征,从而达到准确判定微博短文本情感倾向性类别的目的。本章选择常用的评价标准,设计实验验证了 PT 算法的独立分类性能及在实际数据集上的分类性能,分析了表情符号数量和关键特征选择个数对 PT 算法分类性能的影响。实验结果证明:

(1) PT 算法能够有效且准确地判定微博短文本的情感倾向性类别,随着数据集数量的渐增,PT 算法仍能保持稳定且高效的分类精度;

(2) PT 算法可以有效读取表情符号,精准辨识表情符号的情感极值,进而有助于提高微博短文本的情感分类精度;且数据集中包含表情符号数量越多,PT 算法的分类精度越高;

(3) PCAKFS 算法能够有效且准确地选取情感极性评估值最高的关键特征,降低微博短文本的特征维度,有利于后期微博短文本的情感分类。

第四章 海量文本分类并行化噪声数据消除算法研究

本章针对海量文本分类中的噪声问题,结合主成分分析方法和词频逆文档频率方法,提出一种并行化噪声特征消除算法。在文本分类前,针对冗余噪声特征判定和消除的问题,给出了基于关键特征选择的冗余噪声特征消除算法;在文本分类过程中,针对错误噪声特征过滤、检测和删除的问题,给出了错误噪声特征检测算法。针对噪声特征消除的有效性和文本中噪声比例变化对算法性能的影响进行了实验分析。结果表明,本章提出的算法能够有效降低文本分类时间,提高文本分类的噪声特征消除率和分类准确率,尤其是在噪声比例降低时,算法仍能保持良好且稳定的分类性能。

4.1 基本理论

4.1.1 主成分分析方法

主成分分析方法(principal component analysis,PCA)是通过线性变换将一组相关变量转换为另一组不相关变量的一种多元统计方法,新变量按照方差递减的顺序排列,构成主成分序列[115-116],即 PCA 方法能够按照变量贡献度的某种评估方式,对所有变量的贡献度进行计算并排序,挑选出贡献度最高的几个变量。本书利用选取主成分的方式,删除掉原特征集中的冗余特征,保留最重要的特征。PCA 方法中,将每个文本设定为向量 $\boldsymbol{Y}$,依据词频方法,向量中的元素 y_i 为特征 y_i 出现在文本中的次数,以此作为向量元素的生成方法。取 n 维向量 $\boldsymbol{Y}=(y_1,y_2,\cdots,y_n)^{\mathrm{T}}$ 的协方差矩阵为 $\boldsymbol{\Sigma}=\boldsymbol{Y}\boldsymbol{Y}^{\mathrm{T}}$,$\lambda_i(\lambda_1\geqslant\lambda_2\geqslant\cdots\geqslant\lambda_n\geqslant 0)$ 为 $\boldsymbol{\Sigma}$ 的特征值,$\boldsymbol{p}_i(i=1,2,\cdots,n)$ 为特征值 λ_i 对应的特征向量,则 $\boldsymbol{Y}$ 的第 i 个主成分为 $\boldsymbol{X}_i=\boldsymbol{p}_i^{\mathrm{T}}\boldsymbol{Y}$。定义 $\lambda_k/\sum_{i=1}^{n}\lambda_i$ 为主成分 X_k 的贡献率,定义 $\theta=\sum_{i=1}^{m}\lambda_i\Big/\sum_{i=1}^{n}\lambda_i$ 为主成分的累积贡献率。主成分的个数由 θ 决定,一般取 $\theta>0.95$。

4.1.2 词频逆文档频率方法

词频逆文档频率方法(term frequency-inverse document frequency,TFIDF)是

信息检索中常用的词频权重方法。本书利用 TFIDF 方法计算各特征的权重值，即为评估各特征的类别区分能力，并按权重大小保留权重较大的部分特征，删除权重较小的特征。针对每个特征在整个文本集中的权重为[117]

$$\text{TFIDF}_i = \text{tf}_{ij} \times \text{idf}i = \sum_{j=1}^{N} (1 + \log\text{tf}_{i,j}) \times \log \frac{N}{n_i} \tag{4.1}$$

式中：tf_{ij} 为特征 i 在的文本 j 中的词频；n_i 为文本集中包含特征 i 的文本个数；N 为文本集中文本总数。

4.1.3 噪声数据

针对某一个文本来说，其对应的类别和分类器都是有限的，当从所有的分类器中接收类别输出信息时，不相关的分类器输出就认为是冗余的噪声数据。有效地处理文本分类中的噪声数据问题，是后期提高海量文本分类准确率的有力保障。根据出现在文本分类前和分类过程中的噪声数据种类，本书总结为以下五种：

(1) 文本划分过程中出现的冗余噪声特征；

(2) 关键特征抽取过程中出现的错误噪声特征；

(3) 特征匹配过程中存在的冗余噪声类别；

(4) 特征类别匹配过程中出现的不一致数据；

(5) 文本分类过程中出现的过期分类器。

对于第一种和第二种噪声特征，若该特征通过关键特征筛选掉，则对本书的文本分类不会造成任何影响；若该特征成为关键特征，则可通过不一致和错误检测进行删除。第三种噪声数据根据本书关键特征子集的类别匹配进行过滤，为减轻分类过程的负担，过滤工作需在分类匹配操作前进行。前三种噪声数据都是属于冗余类型的噪声数据，为了消除这种噪声数据，本书基于 PCA 方法和 TFIDF 方法，通过改进关键特征选择方法提出了并行化冗余噪声特征消除算法(redundant noise eliminate algorithm，RNE)。第四种和第五种噪声数据属于错误类型的噪声数据，对于处理这种噪声数据，需要检测特征与类别不一致、过期分类器等，对此本书借助历史错误特征提出了并行化错误噪声特征检测算法(error noise detection algorithm，END)。

4.2 主成分分析的消除噪声算法

主成分分析的消除噪声算法(principal component analysis of noise eliminate algorithm，PNE)是针对海量文本集的并行化噪声消除方法，算法包含两个部分：

第一部分,在文本分类前对文本的原特征集进行冗余噪声消除,过滤掉其中大部分对文本分类无用的特征数据,主要体现在RNE算法中;第二部分是对文本分类过程中出现的错误噪声进行检测和过滤,根据历史错误特征数据,对现有特征进行异常检测,根据分类器出错次数,判定分类器的过期与否,主要体现在END算法中。海量文本集可释义为单个文本的信息量较多,或文本集包含较多的文本数量。无论单个文本信息量较多时,还是文本集中文本数量庞大时,本书PNE算法都可以精简原特征数量、排除错误特征,再对所得关键特征进行分类匹配,使得分类过程的耗时与存储空间与普通文本的分类过程相近,进而提升文本集的分类性能。为了便于对噪声数据进行分析处理,现对整个海量文本分类系统形式化描述如下。

设文本集 $D=\{D_1,D_2,\cdots,D_i,\cdots,D_T\}(1\leqslant i\leqslant T)$,文本 D_i 经过文本预处理和分词算法后构成的原特征集为 $W_i=\{f_{i1},f_{i2},\cdots,f_{in}\}$,将 W_i 放入RNE算法(具体步骤如算法1所示)中,首先进行基于TFIDF和PCA的特征选择,对原特征集进行第一次特征精简,再将作为主成分的特征进行TFIDF值估计,衡量每个特征对文本的类别区分能力的贡献,保留类别区分能力较大的特征,这是第二次特征精简。经过两次特征精简后的特征组成该文本的关键特征集 F_i,$F_i=\{f_{i1},f_{i2},\cdots,f_{im}\}(n\gg m)$。此算法主要目的是在文本分类过程前消除无用的冗余噪声数据。

算法1:RNE

输入:文本原特征集 W_i 关键特征集 F_i

输出:

1. 设定原特征集 W_i 为一个列向量 $\boldsymbol{A}=(f_{i1},f_{i2},\cdots,f_{in})^{\mathrm{T}}$,计算向量的协方差 $\boldsymbol{\Sigma}=\boldsymbol{A}\boldsymbol{A}^{\mathrm{T}}$,求解 $\boldsymbol{A}$ 对应的特征值 λ_j 和特征向量 $\boldsymbol{p}_j$;

2. Map <Key: $\lambda_j+\boldsymbol{p}_j+f_{ij}$, Value: principalvalue >;

3. Reduce <Key: $\lambda_j+\boldsymbol{p}_j+f_{ij}$, Value: principalvalue >;

4. 取累积贡献率 $\theta=\sum_{j=1}^{k}\text{principalvalue}>0.95$,将前 k 个特征放入精简特征集 W_i' 中;

5. 根据公式(4.1)计算 W_i' 中各特征的权重值;

6. Map <Key: $tf_{ij}+idf_j+f_{ij}$, Value: tfidfvalue>;

7. Reduce <Key: $tf_{ij}+idf_j+f_{ij}$, Value: tfidfvalue>;

8. 取权重值大于权重阈值的特征,放入 F_i 中作为关键特征集。

通过算法1可以消除原特征集中对文本分类影响不大的特征:首先经过主成分过滤保留原特征集中权重较大的特征,过滤掉权重较小的特征;再经过TFIDF值对保留下来的特征进行过滤,保留具有较大类别区分能力的特征,过滤

掉几乎没有区分能力的特征。在算法中,设定文本中词频越大的特征重要程度越大;权重值越大的特征,类别区分能力越强;累积贡献率下限设定为 0.95 是为了较大层面上保留较重要的特征;权重阈值的大小设定为当前特征中最高权重值的 20%。

通过算法 1 获得关键特征集 $F_i = \{f_{i1}, f_{i2}, \cdots, f_{im}\}$ 是代表文本核心内容的特征组成的集合,下一步对 F_i 中的关键特征进行类别匹配,详细步骤如算法 2 所示。算法主要是为了匹配出文本 D_i 的目标类别 c_i ,检测和删除分类过程中的错误噪声特征,记录过期分类器,并将其设定为已淘汰分类器。

算法 2:END

输入:关键特征集 F_i,错误噪声特征集合 S

输出:目标类别 c_i,S

1. 设定类别集合 ACS = $\varnothing$;
2. 计算 $F_i \cap S = F_i'$,将 F_i'从 F_i 中删除;
3. 如果特征 f_{ik}的类别和标记类别不一致,将特征 f_{ik}加入 S 中,并在 F_i中删除 f_{ik};
4. Map <Key:tf_{ik}+idf_k+f_{ik}, Value: listcontfvalue>;
5. Reduce <Key:tf_{ik}+idf_k+f_{ik}, Value: Contfzvalue>;
6. 将 Reduce 算子中得到的所有类别 Contfzvalue 都放入 ACS 中;
7. 选取 ACS 中贡献度最高的类别为目标类别 c_i;
8. 统计 F_i 中出错分类器数量,标记出错数超过淘汰阈值的分类器为淘汰分类器。

其中,错误噪声特征集合 S 在第一次算法运行时为空集,即 $F_i = F_1$ 时,$S = \varnothing$,而随着算法运行次数的增多,集合 S 中的元素会越来越多;ACS 是依照关键特征集 F_i 分类判定得到的类别候选集合。错误噪声特征集合 S 中的特征均是在分类匹配中出错的,此类特征因其语义或情感释义与实际类别存在不一致情况;淘汰阈值设定为关键特征数量的 1/3。算法 2 通过计算各关键特征对类别的贡献度,在对贡献度排序后,选择贡献度最大的类别作为目标类别;并在确定目标类别的过程中记录出错的特征和分类器,删除出错特征,标记超过淘汰阈值的分类器。

设文本分类系统中构建的类别集合为 $Z = \{z_1, z_2, \cdots, z_L\}$,z_i 表示集合中的一个类别, L 表示类别总数。特征 f_{ik} 对应类别 z_j 的贡献度表示为

$$\mathrm{Cont}_{ij} = \frac{\mathrm{logtf}(f_{ik}) \cdot \log\left(\dfrac{V}{\mathrm{idf}(f_{ik})} + 0.01\right)}{\sqrt{\sum\limits_{i-1}^{m}\left[\mathrm{logtf}(f_{ik}) \cdot \log\left(\dfrac{V}{\mathrm{idf}(f_{ik})} + 0.01\right)\right]^2}}$$

$$(1 \leqslant i \leqslant V, 1 \leqslant j \leqslant L, 1 \leqslant k \leqslant m) \tag{4.2}$$

式中：$f(f_{ik})$ 为特征 f_{ik} 在文本 D_i 中的词频；$\mathrm{idf}(f_{ik})$ 为特征 f_{ik} 的逆向文本频率；m 为特征总数；V 为文本集中文本总数。

用式(4.2)判定特征对类别的贡献程度，根据已标记文本的特征集检测并记录其他特征与类别不一致的情况，并记录分类器的有效输出用以判断分类器是否过期。

4.3 实验及分析

4.3.1 实验设置

本书使用 MATLAB R2014b 构建文本分类系统。操作系统为 ubuntu12.04，Java 环境采用 jdk1.6-u21-x64，Hadoop 选择 hadoop-0.20.2，Eclipse 版本为 Eclipse-3.7，CPU 为 Intel Core i5，主频 3.20GHz，内存 8G。本书利用 MATLAB compiler 将用 MATLAB 写好的 Map 和 Reduce 函数转换成 Hadoop 可执行程序。

根据本书 PNE 算法针对海量文本中的噪声特征消除的特点，选择有代表性噪声特征消除方法（NTDSEC 算法[118]、DBCNE 算法[119]和 ECN 算法[34]）作为参照算法。

4.3.2 度量标准

本书选择噪声特征消除率 FP 和文本分类准确率 P 作为本书 PNE 算法的评估标准。对于文本集的任意文本 D_i，PNE 算法消除掉的冗余噪声特征集合为 D_i-F_i，检测出的错误噪声特征集合为 S，设集合 Noise 为文本 D_i 中的噪声特征全集，则算法中的噪声特征消除率为

$$\mathrm{FP}=\frac{|S\cap \mathrm{Noise}|+|(D_i-F_i)\cap \mathrm{Noise}|}{|\mathrm{Noise}|} \tag{4.3}$$

FP 表示 PNE 算法能够检测出的冗余噪声特征和错误噪声特征的个数占噪声特征总数的比例，FP 值越高，残留在关键特征集中的噪声特征越少，说明 PNE 算法消除噪声特征的有效性越高，越有助于文本分类性能的提高。文本分类准确率为

$$P=\mathrm{TP}/(\mathrm{TP}+\mathrm{FP}) \tag{4.4}$$

P 表示文本分类中有多少文本的目标类别等于文本的正确类别，P 值越高表明 PNE 算法的目标类别判定越准确，PNE 算法的文本分类性能越高。

4.3.3 数据集

本书选择语料集 Reuters-21578 和 20Newsgroup 作为实验数据集。其中，选

取 Reuters-21578 语料集中文本数量最多的 10 个类别作为本书的数据集，共 10200 个文本，详情见表 4.1；选取语料集 20Newsgroup 中的 10 个类别，共 9997 个文本，详情如表 4.2 所列。其中，C 表示类别名称，CN 表示类别编号，TN 表示类别中包含文本的数量。

表 4.1　Reuters-21578 数据集中每个类别中的文本数量

CN	C	TN	CN	C	TN
C1	Earn	3975	C6	Trade	518
C2	Acq	2408	C7	Interest	495
C3	Money-fx	759	C8	Ship	295
C4	Crude	606	C9	Wheat	294
C5	Grain	605	C10	Corn	245

表 4.2　20Newsgroup 数据集中每个类别中的文本数量

CN	C	TN	CN	C	TN
C11	Comp. sys. ibm. pc. hardware	1000	C16	Rec. sport. hockey	1000
C12	Comp. sys. mac. hardware	1000	C17	Sci. space	1000
C13	Rec. autos	1000	C18	Soc. religion. christian	997
C14	Rec. motorcycles	1000	C19	Talk. politics. guns	1000
C15	Rec. sport. baseball	1000	C20	Talk. politics. mideast	1000

4.3.4 结果分析

本书设计进行两个实验，分别就 PNE 算法消除噪声特征的有效性和噪声比例对 PNE 分类性能的影响进行实验，并对 PNE 算法的并行化特点进行了验证说明。

1. 验证 PNE 算法噪声特征消除的有效性

为了验证及分析 PNE 算法对于文本分类前的冗余噪声特征和文本分类过程中的错误噪声特征的消除情况，设计实验并记录算法的运行结果，并与其他噪声消除算法进行比较。将数据集 Reuters-21578 和 20Newsgroup 中 70%的数据作为训练集，30%的数据作为测试集，根据二八原则调整数据集中的噪声比例为 20%。利用十折交叉验证法在两个数据集上运行 PNE 算法、容噪数据流集合分类算法（NTDSEC）、类别噪声裁剪算法（ECN）和双质心噪声消除技术（DBCNE），记录运行结果，根据式（4.3）和（4.4）分别计算各算法在各类别的噪声特征消除率 FP 和分类准确率 P，如表 4.3、表 4.4 所列。本书还对 PNE 算法与三种参照算法的比较结果进行了显著性检验,在两个数据集上 PNE 算法的各评价指标均以 0.95 置信区间显著优于其他参照算法。

表 4.3 各算法在 Reuters-21578 数据集上的 FP 和 P

数据集	FP				P			
	NTDSEC 算法	ECN 算法	DBCNE 算法	PNE 算法	NTDSEC 算法	ECN 算法	DBCNE 算法	PNE 算法
Earn	0.6752	0.9365	0.9132	0.9615	0.7679	0.9646	0.9827	0.9964
Acq	0.6593	0.9324	0.9168	0.9658	0.7985	0.9783	0.9882	0.9951
Money-fx	0.6697	0.9471	0.9251	0.9709	0.8487	0.9846	0.9978	0.9984
Crude	0.6854	0.9453	0.9578	0.9649	0.8558	0.9809	0.9965	0.9979
Grain	0.6891	0.9482	0.9546	0.9766	0.8571	0.9761	0.9973	0.9986
Trade	0.6989	0.9449	0.9687	0.9624	0.8649	0.9851	0.9954	0.9969
Interest	0.6573	0.9211	0.9321	0.9562	0.8206	0.984	0.9967	0.9978
Ship	0.7254	0.9497	0.9740	0.9725	0.8718	0.9754	0.9908	0.9997
Wheat	0.7165	0.9523	0.9798	0.9763	0.9211	0.982	0.9979	0.9989
Corn	0.7283	0.9586	0.9837	0.9682	0.9052	0.9885	0.9968	0.9993
平均值	0.6905	0.9436	0.9506	0.9675	0.8512	0.9800	0.9940	0.9979

表 4.4 各算法在 20Newsgroup 数据集上的 FP 和 P

数据集	FP				P			
	NTDSEC 算法	ECN 算法	DBCNE 算法	PNE 算法	NTDSEC 算法	ECN 算法	DBCNE 算法	PNE 算法
Comp. sys. ibm. pc. hardware	0.7021	0.9431	0.9647	0.9675	0.7621	0.9781	0.9961	0.9968
Comp. sys. mac. hardware	0.7059	0.9504	0.9485	0.9663	0.7887	0.9624	0.9972	0.9979
Rec. autos	0.7109	0.9496	0.9564	0.9717	0.8387	0.9714	0.9973	0.9981
Rec. motorcycles	0.7153	0.9528	0.9638	0.9705	0.8586	0.9756	0.9958	0.9984
Rec. sport. baseball	0.7176	0.9532	0.9596	0.9728	0.8485	0.9642	0.9979	0.9989

续表

数据集	FP				P			
	NTDSEC算法	ECN算法	DBCNE算法	PNE算法	NTDSEC算法	ECN算法	DBCNE算法	PNE算法
Rec. sport. hockey	0. 7208	0. 9547	0. 9641	0. 9698	0. 8402	0. 9753	0. 9965	0. 999
Sci. space	0. 7197	0. 9536	0. 9678	0. 9593	0. 8164	0. 9776	0. 9957	0. 9976
Soc. religion. christian	0. 7168	0. 9617	0. 9536	0. 9684	0. 8513	0. 9864	0. 9964	0. 9974
Talk. politics. guns	0. 7223	0. 9624	0. 971	0. 9755	0. 9236	0. 9835	0. 998	0. 9984
Talk. politics. mideast	0. 7214	0. 9622	0. 9689	0. 9802	0. 9016	0. 9819	0. 9979	0. 9986
平均值	0. 7153	0. 9544	0. 9618	0. 9702	0. 8430	0. 9756	0. 9969	0. 9981

从表 4. 3 和表 4. 4 中可见,在数据集 Reuters-21578 和 20Newsgroup 上,当噪声比例为 20%时,PNE 算法的 FP 值均明显高于 NTDSEC 算法和 ECN 算法,FP 平均值也都高于 DBCNE 算法。这说明 PNE 算法能够有效去除文本原始特征集中的冗余噪声特征和文本关键特征集中的错误噪声特征,进而表明结合 PCA 方法进行主成分抽取和结合 TFIDF 方法进行权重选择的双重选择方式,能够有效保留关键特征,剔除冗余噪声特征,且借助于历史错误特征集合 S,能够更准确地检测关键特征集中的不一致情况,有助于提高文本分类精度。但在类别 Trade、Ship、Wheat、Corn 和 Sci. space 上存在 DBCNE 算法的噪声特征消除率高于 PNE 算法的情况,是由于这些类别中特征的类别模糊度较大,特征归属于多个类别,从而造成算法误判。

而观察表 4. 3 和表 4. 4 中的分类准确率 P 可得,PNE 算法的 P 值均高于三种参照算法,尤其明显高于 NTDSEC 算法和 ECN 算法。可见,PNE 算法中选取的类别候选集合 ACS 准确度较高,且通过目标类别判定函数能够精确判定正确类别,这也证明 PNE 算法能够在消除噪声特征的基础上有效且准确地判别文本类别。

为了验证分析 PNE 算法中并行化特点的优势,本书对上述实验中各算法的运行时间进行对比分析,如图 4. 1 所示。从图中可见,图 4. 1(a)中所有算法在各数据集上的运行时间均是沿横坐标正向呈递减趋势,这是因为数据集 Reuters-

21578 上类别 C1 到 C10 是按文本数量由大到小排列的。而图 4.1(b)中因 20Newsgroup 数据集上 10 个类别包含文本数量基本相同,故五条线段振幅变化不大,因各算法的性能差异而运行时间长短不同。观察图 4.1(a)、(b)可知,PNE 算法和 DBCNE 算法运行时间的变化曲线几乎重叠,两者的运行时间又同时低于 NTDSEC 算法和 ECN 算法。这是因为本书 PNE 算法中的两个主体算法 RNE 和 END 都采用了并行化处理方式,利用 Map 和 Reduce 函数将两个算法中计算量最大的几处都利用分而治之的思想进行了分化处理,从而保证了文本数量巨大的情况下能够保持较少的运行时间和较快的计算速率,为关键特征的选择和分类匹配的高效和高速提供保障。同时说明了与参照算法相比,PNE 算法因具有并行化特点而在算法运行时间上具有一定的优势。

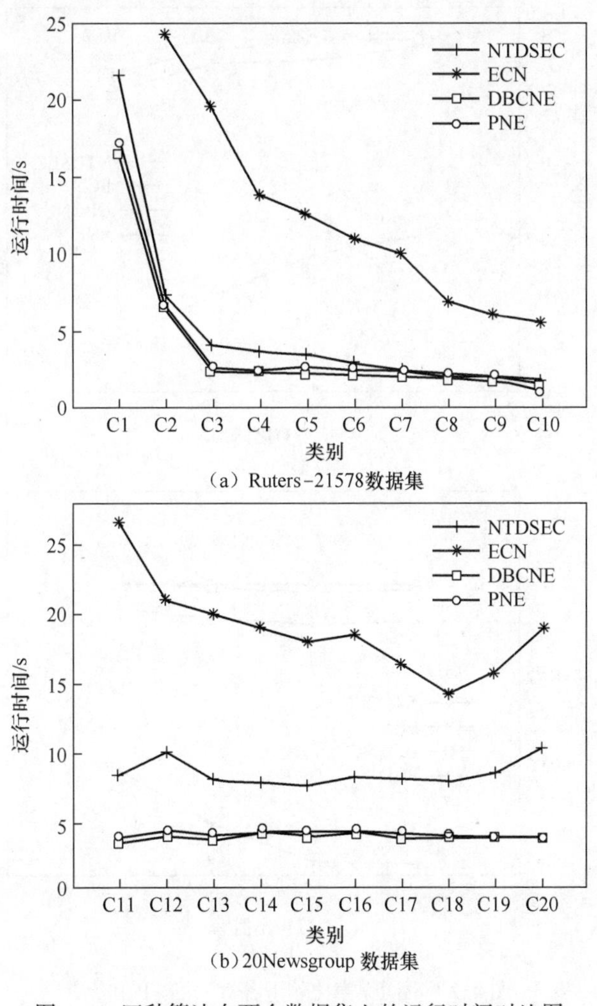

(a) Ruters-21578数据集

(b)20Newsgroup 数据集

图 4.1　四种算法在两个数据集上的运行时间对比图

2. 噪声比例变化对 PNE 算法性能的影响

为了进一步验证噪声比例对 PNE 算法性能的影响,设计调整各类别的原始特征集,降低其噪声比例,随着噪声比例的降低,进而观察并分析 PNE 算法与各参照算法的噪声特征消除率 FP 和文本分类准确率 P 的变化情况。分别将噪声比例减少至 15%、10%和 5%,与噪声比例 20%一起作为四种实验分析环境,利用十折交叉验证法在两个数据集上执行各算法,将四种算法在两个数据集上的十次运行结果取平均值,计算其 FP 和 P 值,如图 4.2 所示。分别就 FP 和 P 两种评估标准对 PNE 算法与三种参照算法的比较结果进行了显著性检验,在四种噪声比例下,PNE 算法的各评价指标均以 0.95 置信区间显著优于其他参照算法。

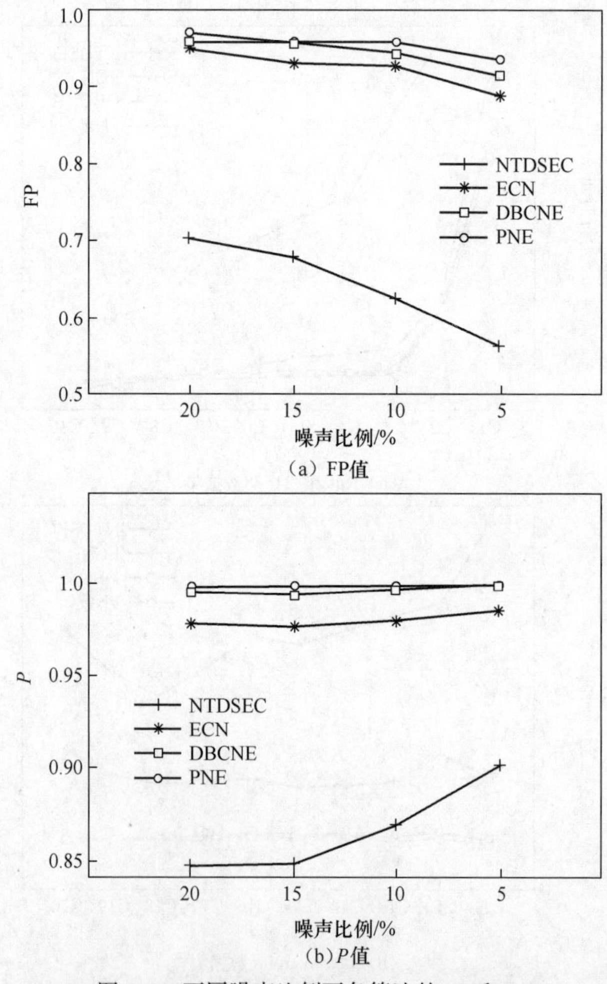

图 4.2 不同噪声比例下各算法的 FP 和 P

从图 4.2(a)可见,随着噪声比例的降低,各算法的 FP 值都有不同程度地减少,与三种参照算法比较,PNE 算法仍能保持较稳定的噪声特征消除率,说明 PNE 算法能够有效地去除文本集中的噪声特征,尤其在噪声比例较小时,也能有效辨识文本集中的冗余噪声特征和错误噪声特征。从图 4.2(b)可见,随着噪声比例的降低,四种算法的 P 值都略有增长,而 PNE 算法的分类准确率表现最为优异。表明随着噪声比例的降低,PNE 算法仍能保持良好且稳定的分类性能,较参照算法更具有实用性。

4.4 本章小结

本章针对海量文本分类中的噪声数据问题,提出了一种并行化噪声消除算法 PNE。在分析文本中各噪声数据类型的基础上,归纳出五种噪声数据类型,并按照冗余噪声特征和错误噪声特征两类分别进行处理。为了消除文本中的冗余噪声特征,结合 PCA 方法和 TFIDF 方法给出了一种适用于文本分类前的 RNE 算法;为了检测和去除文本中的错误噪声特征,借助历史错误特征数据,给出了一种应用于文本分类过程中的 END 算法;如此就达到了降低文本噪声特征和提高文本分类性能的目的。本书选取三种有代表性的噪声消除算法作为参照,并在两个常用数据集上进行了实验。结果分析可得:

(1) 与参照算法相比,PNE 算法具有更高的噪声消除率和分类准确率,能够有效保留关键特征,剔除冗余噪声特征,且在消除噪声特征的基础上有效且准确地判别文本类别;

(2) PNE 算法的并行化处理方式,使得其在文本数量巨大的情况下仍能保持较低的运行时间和较快的计算速率;

(3) 噪声比例逐渐下降的情况下,PNE 算法仍能保持良好且稳定的噪声特征消除率和分类准确率,较其他参照算法有明显优势。

实验证明,PNE 算法能够在不同噪声比例下保持稳定文本分类效果的根本原因是关键特征集的有效选取和特征对类别的贡献度的准确估计,在下一步的研究过程中将探究如何在更大的数据集上有效选取关键特征,研究对比数据信息量更大时的文本分类执行效率问题。

第五章　基于粒子群优化算法的朴素贝叶斯改进算法研究

为了达到提高朴素贝叶斯算法(NB)文本分类准确率同时降低计算复杂度的目的,本书提出了一种改进的粒子群优化的朴素贝叶斯算法(PSO-NB)。首先在文本预处理时,针对互信息方法存在的对低频特征词倚重,忽略高频特征词的不足之处,引入了权重因子、类内和类间离散因子进行属性约简;然后基于朴素贝叶斯加权模型,以条件属性的词频比率为其初始权值,利用粒子群优化算法(PSO),迭代寻找全局最优特征权向量,并以此权向量作为加权模型中各个特征词的权值生成分类器。使用经典数据集对 PSO-NB 算法进行性能分析,实验表明改进后的算法可以有效地减少冗余属性,降低计算复杂度并具有更高的准确率和召回率。

5.1　文本预处理

在文本分类中,特征选择方法能从高维的特征空间中选取对分类有效的特征,降低特征的冗余,提高分类准确度。互信息算法是文本分类中常用的特征选择方法之一,但其在理论以及现实应用中分类精确度比较低。本书基于经典的互信息理论,提出了一种改进的特征评价函数,减少冗余属性,提高分类精确度。

5.1.1　互信息算法的改进

传统的互信息算法按照特征词和类别一起出现的概率来衡量特征词与类别的相关性,特征词和类别的互信息公式如下

$$\mathrm{MI}(t,c_i)=\log\frac{p(t,c_i)}{p(t)p(c_i)}=\log\frac{p(t\mid c_i)}{p(t)} \tag{5.1}$$

式中:$p(t,c_i)$ 为在训练集中类别为 c_i 且包含特征词 t 的文本的概率;$p(t)$ 为在训练集中包含特征 t 的文本的概率;$p(c_i)$ 为训练集中属于类别 c_i 的文本的概率。

由于计算各个概率时使用的频数都是包含特征词的文本数量,并没有考虑

到特征词在各个文本中出现的词频因素。因此在特征提取时会倾向于选择低频特征词,甚至是冗余或噪声的低频特征词,导致低频特征词的作用被放大。

当类别 c_q 中包含特征词 t_i 和 t_j 的文本数目一致时,如果 $p(t_i) > p(t_j)$,那么就有 $\mathrm{MI}(t_i, c_q) < \mathrm{MI}(t_j, c_q)$,即频度小的特征词反而能得到更大的互信息值,这就意味着频度小的特征反而对互信息的影响更大。然而事实上,当文本中包含的特征词 t_i 的频数远大于 t_j 时,特征词 t_i 的分类性能远大于 t_j。因此可以得出特征在某类别各个文档中出现的频数是体现特征词分类能力的重要因素,本书根据这个因素提出了权重因子、类间和类内离散因子三个定义,具体的描述如下。

定义 1 设特征集 $T = \{t_1, t_2, \cdots, t_m\}$,训练集类别集 $C = \{c_1, c_2, \cdots, c_n\}$,记 f_{ij} 为特征词 t_j 在类别 c_i 出现的总频数,F_j 为特征词 t_j 在训练集中出现的总频数。特征 t_j 在类别 c_i 中的权重因子定义如下:

$$\omega_{ij} = \frac{f_{ij}}{F_j} \tag{5.2}$$

一个特征词的权重因子就是该特征词在某一类别中出现的频率。特征的权重因子越大,分类性能就越强。在互信息公式中引入权重因子,削弱互信息中对低词频的倚重,增强高词频属性的影响力,提高分类准确性。

定义 2 设特征集 $T = \{t_1, t_2, \cdots, t_m\}$,训练集类别集 $C = \{c_1, c_2, \cdots, c_n\}$,记 f_{ij} 为特征 t_j 在属于类别 c_i 的文本中出现的总频数,$f_j = \frac{1}{n-1}\sum_{i=1}^{n} f_{ij}$ 为特征词 t_j 在所有类别文本中出现的平均频数。特征 t_j 的类间离散因子定义如下:

$$\alpha_j = \frac{1}{n}\sum_{i=1}^{n} \frac{2\,|f_{ij} - f_j|}{f_{ij} + f_j} \tag{5.3}$$

一个特征词的类间离散因子能够量化该特征词在各个类间的差异分布状况。类间分布差异越大,特征词就越具有类别代表性,其分类性能也就越强。将类间离散因子引入互信息公式,就能剔除在各个类中出现频率相当的、没有分类能力的冗余属性,进而降低计算复杂度,提高分类精确度。

定义 3 设特征集 $T = \{t_1, t_2, \cdots, t_m\}$,训练集类别集 $C = \{c_1, c_2, \cdots, c_n\}$,记 D_i 为类别 c_i 中文档总数,$f_{ik}(t_j)$ 为特征词 t_j 在属于类别 c_i 的文本 d_{ik} 中出现的次数,$f_i = \frac{1}{D_i - 1}\sum_{k=1}^{D_i} f_{ik}(t_j)$ 为特征词 t_j 在类别 c_i 中的文本中出现的平均频数。特征 t_j 的类内离散因子定义如下:

$$\beta_{ij} = \frac{2}{D_i}\sum_{k=1}^{D_i} \frac{|f_{ik}(t_j) - f_i|}{f_{ik}(t_j) + f_i} \tag{5.4}$$

一个特征词的类内离散因子能够量化该特征在某一个类中的差异分布状况。类内差异分布越小,特征词就越有类别代表性,分类性能也就越好。将类内离散因子引入互信息方法中,就能够筛选出在某一类别各个文档中均匀出现的特征词,提高分类性能。

5.1.2 改进的类别散度互信息特征评价函数

本书针对互信息方法中对低频词的倚重,从而放大低频词影响,导致冗余属性成为特征词,而有用的条件属性会漏选的不足之处,引入上文所定义的权重因子、类间离散因子和类内离散因子,提出了一种改进的 CDMI 特征选择算法,其公式如下:

$$\mathrm{CDMI}(t) = \sum_{i=1}^{n} \frac{\alpha}{\beta_i} \omega_i \log \frac{p(t \mid c_i)}{p(t)} \tag{5.5}$$

式中:t 为特征词;训练集类别集 $C = \{c_1, c_2, \cdots, c_n\}$;$\alpha$ 表示为特征 t 的类间离散因子;β_i 表示为特征 t 在 c_i 类内的类内离散因子;ω_i 表示为特征 t 的权重因子;$p(t)$ 表示为训练集中包含特征 t 的文档数和总文档数的比值;$p(t \mid c_i)$ 是训练文本集中含有特征 t 的 c_i 类文档数与 c_i 类文档数的比值。

使用 CDMI 算法进行属性约简,获得彼此相对相互独立的核心属性,为朴素贝叶斯模型分类做准备。

5.2 朴素贝叶斯优化算法

针对朴素贝叶斯分类器的条件独立性假设在众多现实应用中并不成立的缺陷,许多的学者提出可以根据不同特征词对分类的重要程度,给予不同的权值,放大决策属性的影响,从而将朴素贝叶斯模型扩展为朴素贝叶斯加权模型,如式(5.6)。

$$p(c_i \mid X) = \frac{p(c_i) \prod_{j=1}^{m} p(x_j \mid c_i) \omega_j}{p(X)} \tag{5.6}$$

式中:$p(c_i)$ 为在现有数据集中 c_i 类的先验概率;$p(X)$ 为对象 X 出现的先验概率;$p(x_j \mid c_i)$ 为特征词 x_j 的条件概率;ω_j 为对应于每一个特征值的权重。

5.2.1 粒子群优化算法

在朴素贝叶斯分类器中引入权值的概念,创造了加权贝叶斯模型,但是权值的选取直接影响分类的效果,为了提高分类的准确性,本书引入了 PSO 优化算法对初始权值进行全局寻优,获取最优权值。

在 PSO 优化算法中依照速度与位置公式来调整微粒的速度与位置,求得全局最优解。由于本书在 PSO 优化算法中设定了合适的初始权值,其大小只需微调并不需要大的改动,因此在迭代寻优中速度不宜过大,以免得不到精确解。为避免这种情况,在速度更新中,对速度设定了最低和最高速度,保证其收敛性,改善局部最优的状况。其速度公式和位置分别表达如下:

$$v_i^{s+1} = \omega v_i^s + \varphi_1 \text{rand}(\cdot)(\text{pbest}_i - x_i^s) + \varphi_2 \text{rand}(\cdot)(\text{gbest}_i - x_i^s) \tag{5.7}$$

式中:ω 为惯性因子;φ_1 和 φ_2 为学习因子;v_i^s 为第 s 次更新时微粒 i 的速度;x_i^s 为第 s 次更新时微粒 i 的位置;rand(·) 为随机函数。

$$x_i^{s+1} = v_i^{s+1} + x_i^s \tag{5.8}$$

式中:v_i^{s+1} 为第 $s+1$ 次更新时微粒 i 的速度;x_i^s 为第 s 次更新时微粒 i 的位置。

根据 PSO 优化算法的思想,可以得出算法 1:

算法 1:PSO 优化

输入:微粒群体的规模 N,迭代次数 max,最高速度 $v_{\max}$,最低速度 $v_{\min}$

输出:最优解

1. 初始化位置集合 $x=(x_1, x_2, \cdots, x_i, \cdots, x_N)$ 和速度集合 $v=(v_1, v_2, \cdots, v_i, \cdots, v_N)$
2. for each $x_i \in x$
3. 初始位置 x_i 作为局部最优解 pbest_i
4. 微粒自适应度计算 fitness(x_i)
5. end for
6. $\text{gbest}=\min\{\text{pbest}_i\}$
7. while max>0
8. for i=1 to N
9. 更新 v_i
10. if ($v_i<v_{\min}$)
11. $v_i=v_{\min}$
12. else if ($v_i>v_{\max}$)
13. $v_i=v_{\max}$
14. 更新 x_i
15. 计算自适应度 fitness
16. if fitness(x_i)<fitness(pbest_i)
17. 当前位置 x_i 设为局部最优解 pbest_i
18. if fitness(pbest_i)<fitness(gbest)

```
19.gbest=pbest_i
20.end for
21.max=max-1
22.end while
23.输出最优解 gbest
```

针对朴素贝叶斯加权模型中权值的选取问题,本书以特征词的词频比率为初始权值并以此权值作为 PSO 优化算法中的初始位置,迭代寻找全局最优解。

5.2.2 粒子群优化的朴素贝叶斯算法

为了达到提高朴素贝叶斯模型的分类准确性和降低计算复杂度的目的,本书首先使用改进的 CDMI 算法对属性进行约简,然后利用 PSO 优化算法对朴素贝叶斯加权模型中的初始权值进行优化,生成分类器。为了能清晰地阐述整个算法流程,下面将该算法划分为 CDMI 特征选择算法和 PSO-NB 分类算法来进行具体描述,完整流程图如图 5.1 所示。

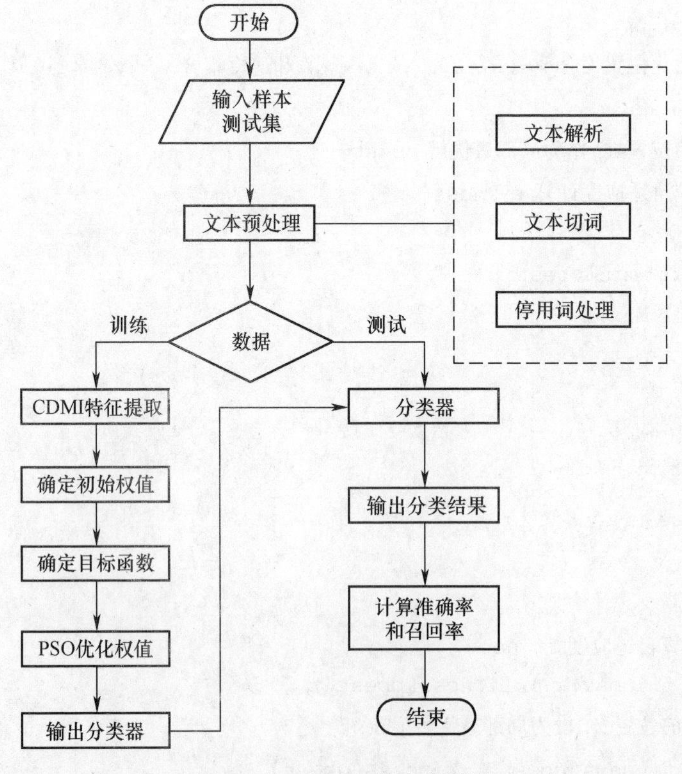

图 5.1　PSO-NB 算法流程图

在特征选择过程中,针对原有互信息计算中忽略词频因素的不足之处,引入权重因子,放大高词频的影响;引入类内离散因子和类间离散因子筛选出具有类别代表性的特征词,其具体的算法描述如算法 2 所示:

算法 2:CDMI

输入:数据集,类别集 $C=\{c_1,c_2,\cdots,c_i,\cdots,c_n\}$

输出:特征集 t'

1. 文本预处理得到初始特征集 $t=\{t_1,t_2,\cdots,t_j,\cdots\}$,$t'=\varnothing$
2. for each $t_j \in t$
3. 计算 ω_{ij},α_j,β_{ij}
4. end for
5. for each $t_j \in t$
6. 计算 CDMI(t_j)
7. if CDMI(t_j)>ε
8. $t'=t'\cup t_j$
9. end for
10. 输出特征集 t'

在分类算法中,首先将各个条件属性的词频比率作为其初始权值,然后利用 PSO 优化算法对权值进行优化。而在权值优化之前首先要确定目标函数,下面就针对目标函数确定的问题进行形式化描述。

按照朴素贝叶斯算法的思想,假设有类别 $C=\{c_1,c_2,\cdots,c_n\}$,某一样本 $X\in c_1$,那么根据朴素贝叶斯加权式(5.6)计算出的概率越接近于 1,其他类别的概率越接近于 0,则分类结果就越精确。因此根据确定目标函数的含义,可将 $p(c_i\mid X)$ 与 0 或 1 之间的误差和记为目标函数,记准确值为 γ,测量值为 γ_i,那么具体的公式可描述如下:

$$\gamma=\begin{cases}0 & (X\notin c_i)\\ 1 & (X\in c_i)\end{cases} \tag{5.9}$$

$$\gamma_i=p(c_i\mid X)=\frac{p(c_i)\prod_{j=1}^{m}p(x_j\mid c_i)^{\omega_j}}{p(X)} \tag{5.10}$$

那么目标函数 $f(\omega)$ 可表示如下:

$$f(\omega)=\min\sum_{i=1}^{n}\mid\gamma_i-\gamma\mid \tag{5.11}$$

在目标函数确定之后,就可以利用 PSO 优化算法根据已知的条件对权值迭代优化,每次更新优化都要使目标函数更小,直至目标函数收敛。将最优权值作为朴素贝叶斯加权模型中条件属性的权值,生成分类器,计算测试文本集的分类结果。

为了在算法 3 中能简单清晰地描述,将算法 2 中提取出的特征集 t' 依旧记为特征集 t ,具体的算法描述如下:

算法 3:PSO-NB

输入:特征集 t,类别集 C,测试集 X,迭代次数 max

输出:类别结果集 clsassify

1. 初始化权向量 $\omega=\varnothing$,结果集 clsassify $=\varnothing$
2. for each $t_j \in t$
3. 计算 $p(c_i),p(t_j \mid c_i),\omega_j$
4. $\omega=\omega\cup\omega_j$
5. end for
6. ω= PSO(ω,max)
7. for each $X_k \in X$
8. best = 0
9. for each $c_i \in C$
10. if $p(c_i \mid X_k)$>best
11. 当前概率设为最大概率 best
12. 当前类别设为文本所属类别 classify_k
13. end for
14. end for
15. 输出类别结果集 clsassify

5.3 实验及结果分析

本书针对朴素贝叶斯分类模型的改进主要分为两个部分:第一部分是对特征选择方法中的互信息方法进行改进,去除冗余特征词,降低维度,减少算法计算的复杂度,同时也改善了算法的分类精度,为了验证改进前后算法的性能,以分类效果作为标准,设计实验对其进行验证;第二部分是对加权模型中的权值进行优化,其优化方法采用的是 PSO 优化算法并以优化后的权值作为条件属性对分类影响的重要程度,为了验证权值优化前后算法的能力,设计实验将 PSO-NB 算法与 NB 算法以及权值未优化的加权朴素贝叶斯算法(WNB)的性能进行对比。

本书采用 Newsgroups-18828 中的 10 个类别新闻组作为数据文本集，对算法进行了实验测评，使用五折交叉验证法，将样本集随机分割成大小相等但互不相交的 5 份，对样本训练和验证分别进行 5 次，计算得出每次分类的召回率与准确率，为了使分类的结果更具科学性，防止实验的随机性和偶然性，采取 5 次实验结果的平均值作为最终的衡量标准。

5.3.1 互信息参数和粒子群参数的选取

本书记引入权重因子的互信息算法（MI）为加权互信息算法（WMI），引入类间离散因子和类内离散因子的 MI 算法为条件互信息算法（CMI），然后将改进的 CDMI 算法与 WMI 算法、CMI 算法以及 MI 算法进行实验对比，确定要筛选的特征词个数。下面做的对比主要是在不限定总的单词个数的情况下，四种算法能达到的分类结果的最高准确率，以及在相同的单词个数下四种算法的准确率和特征词个数。

四种算法最高准确率对比结果如表 5.1 所列。

表 5.1 算法最高准确率对比

实验次数	最高准确率/%			
	MI 算法	CMI 算法	WMI 算法	CDMI 算法
1	86.19	87.23	86.29	90.47
2	88.33	88.83	86.93	90.05
3	90.72	90.85	87.63	90.24
4	92.16	92.14	89.04	92.29
5	89.70	89.45	87.63	91.02
平均值	89.45	89.70	87.50	90.95

相同单词总数情况下，四种算法的准确率和特征词数对比如图 5.2、图 5.3 所示：

由图 5.2 看出，在数据集的单词总数由 10000 下降到 5000 时，MI 特征选择算法的分类结果呈急速下降趋势；而改进后的 CDMI 算法的分类结果一直都稳定在 0.9 附近，这就说明了改进后的 CDMI 算法其分类性能比较稳定，不会因为数据集单词总数的变动而发生急剧的变化，并且 CDMI 算法的分类精确度明显优于 MI 算法。结合图 5.2 和图 5.3 可以看出，当数据集单词数目相同时，CDMI 算法所选取的特征词数量明显少于 MI 算法，而分类精确度却明显优于 MI 算法，这就说明改进后的 CDMI 算法可以降低属性冗余，筛选出具有高分类能力的核心属性,这也在一定程度上降低了算法的计算复杂度。因此可以得出,CDMI算法无论是在分类性能上面还是计算精度上面都明显优于 MI 算法。

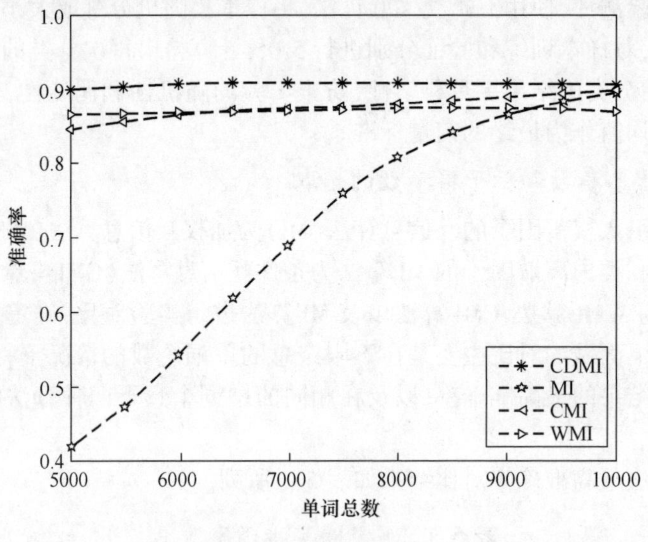

图 5.2 准确率对比

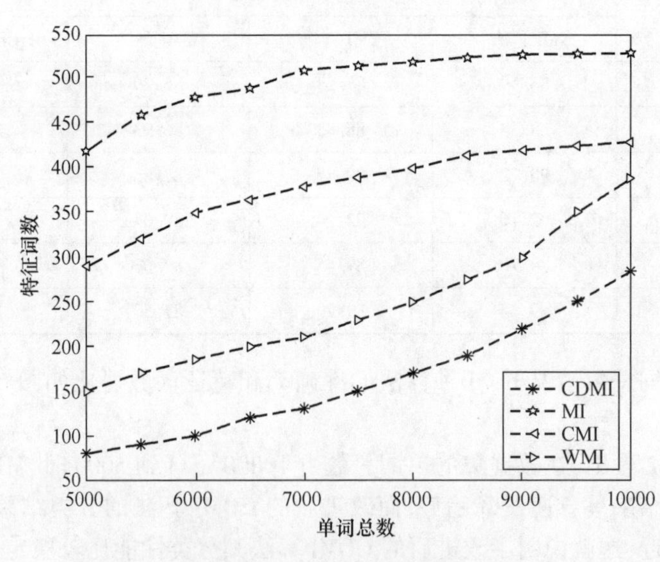

图 5.3 特征词数对比

对于 CDMI 算法而言,在数据集的单词总数为 7000 的时候,分类结果的准确率是最高的,为了更加直观地说明这一因素,本书对 5 次实验得到的准确率的平均值进行了描述,如图 5.4 所示。

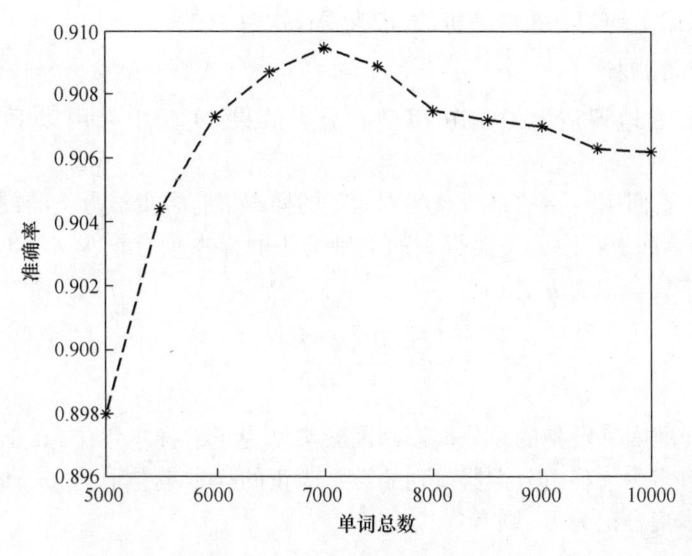

图 5.4　CDMI 算法准确率对比

对于 CDMI 算法,在数据集的单词总数变化的过程中,特征词的数量变化如表 5.2 所列。

表 5.2　特征词个数

单词总数	特征词数
5000	80
5500	90
6000	100
6500	120
7000	130
7500	150
8000	170
8500	190
9000	220
9500	250
10000	285

由表 5.2 可知,在数据集的单词总数为 7000 的时候,特征词的个数为 130,因此本书将特征词的个数设置为 130。因此将 PSO-NB 算法中粒子的规模设为 $n=130$,粒子群其他参数的选取分别为 $\varphi_1=2.05$、$\varphi_2=2.05$、$\omega=0.729$,rand(·)

为(0,1)区间上均匀分布的随机数,最大迭代次数为500。

5.3.2 评价指标

为了有效地评估PSO-NB模型的分类效果,实验中采用以下三个评价指标:

(1)R(召回率):指的是所有类别为正的样本集有多少被分类器判别为正类别样本,即召回。将由分类器得到的类别为正的样本集合记为A,真正的类别为正的样本集合记为B,则有:

$$R = \frac{|A \cap B|}{|B|} \tag{5.12}$$

(2)P(准确率):指的是分类器判断其类别为正的样本集中,真正类别为正的样本数有多少。将由分类器得到的类别为正的样本集合记为A,真正的类别为正的样本集合记为B,则有:

$$P = \frac{|A \cap B|}{|A|} \tag{5.13}$$

(3)F1-Measure:一个综合考虑指标,其综合考虑了召回率与准确率两个因素。

$$\text{F1 - Measure} = \frac{2 \times R \times P}{R + P} \tag{5.14}$$

5.3.3 粒子群优化的朴素贝叶斯算法验证

为了验证本书所提出的PSO-NB算法的效果,设计实验分别测试NB、WNB、PSO-NB这三种不同的算法,为避免实验的随机性和偶然性,选取互不相交的五个测试集进行5次实验,取5次结果的平均值为最终结果,得到3种分类模型的召回率、准确率以及F1-Measure的值,进而分析分类器的分类性能,其结果对比图如图5.5所示。

由图5.5可以看出,PSO-NB算法的召回率和准确率均高于WNB算法和NB算法。WNB算法是将特征词的词频比率作为权值来评估特征词的重要程度,以提高分类性能,但其在保证高准确率的时候,召回率却略有下降。PSO-NB算法是将特征词的词频比率作为初始权值,利用PSO优化算法对权值更新,每次更新都会使目标函数更小,一方面使得权值更加贴近特征词的重要程度,因此准确率更高,大大降低了文本类别误判的概率;另一方面所有特征词权值的合理选取使得文本属于某一类别的概率更加准确,因此召回率更高。

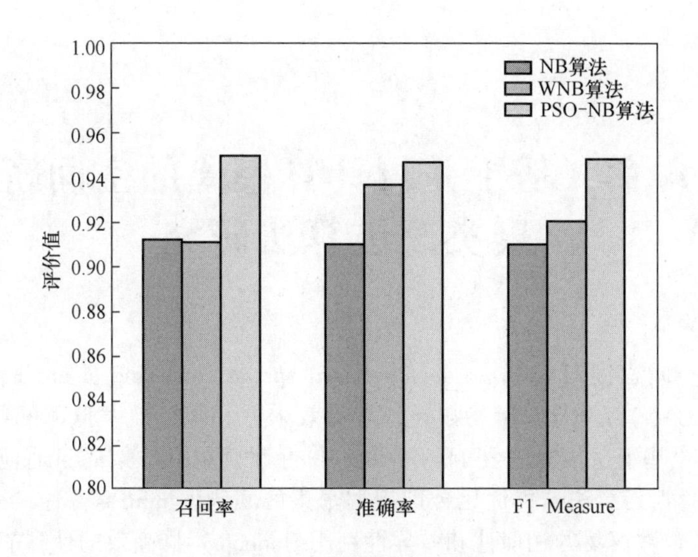

图 5.5　实验结果对比图

5.4　本章小结

本章针对测试文本集中有过多的属性冗余以及朴素贝叶斯算法因为条件独立性的理想式假设而引起的分类性能降低问题,提出了一种改进的 PSO-NB 算法。该算法首先利用改进的 CDMI 方法进行属性约简,然后以特征词的词频比率作为初始权值,使用绝对误差方法确定目标函数,设定速度更新中的最低和最高速度,利用 PSO 优化算法对初始权值进行优化,直至目标函数收敛,生成分类器。采用召回率、F1-Measure 和准确率作为 PSO-NB 算法的评价标准,与其他方法进行实验对比。通过在 Newsgroups 语料集上的对比,可得本书算法具有更高的分类精度以及更低的计算复杂度。

第六章　基于并行计算模式的空间密度聚类改进算法研究

针对空间密度聚类算法(density-based spatial clustering of applications with noise,DBSCAN)经验化求解参数导致聚类效果差和执行效率低下的问题,本章提出了一种基于遗传算法和 MapReduce 并行计算编程框架的自适应 DBSCAN 算法。通过遗传算法迭代优化合理规划密集区间阈值 minPts、扫描半径 Eps 大小,同时结合数据集的相似性和差异性利用 Hadoop 集群高效的计算能力对其进行两次规约处理,将数据合理的序列化,最终实现高效的自适应并行化聚类。实验结果表明,改进后的基于遗传算法的空间密度聚类算法(GA-DBSCANMR)的并行化处理模式在处理万级以上的数据集点时执行效率较原 DBSCAN 算法提升了 3 倍左右,同时聚类质量提升了约 10%,并且这一趋势随着数据量的增大还会继续增长。改进算法为 DBSCAN 算法阈值确定提供了更精确的实现方法,并且实现了具体计算过程,为密度聚类的具体实现提供了实践支撑。

6.1　空间密度聚类算法改进

6.1.1　空间密度聚类算法

DBSCAN 算法是一种基于密度的经典聚类算法,能够发现任意形状的簇并过滤数据集中的噪声,其相关的概念如下[120]。

核心点、边界点、噪声点:对于数据对象 p,且 $p \in D$, 如果以 p 为中心,以 Eps 为半径,若 $N_{\mathrm{Eps}}(p)$内的点数超过给定 minPts,则称 p 为核心点,若 p 不是核心点,但在某核心点区域内,则称 p 为边界点,其余为噪声点或离群点。

直接密度可达:给定一个对象 $D \subseteq R^d$,若 p 在 q 的邻域内,若 q 为核心点,则称对象 p 出发到对象 q 是直接密度可达。

密度可达:在给定数据集 D 中,若存在一个对象链 $(p_1,p_2,\cdots,p_n)$,其中,$p_1 = q, p_n = p$,对于 $p_i \in D(1 \leqslant i \leqslant n)$,若在(minPts,Eps)条件下,p_{i+1}从 p_i 直接密度可达,则称对象 p 从对象 q 密度可达。具体表现形式如图 6.1 所示,其中 p 点从 q 点密度可达,q 点从 p 点密度不可达。

密度相连:若存在一个对象 $o \in D$,使得对象 p 和 q 是从 o 在(minPts,Eps)条件下密度可达,则称对象 p 到 q 密度相连,且密度相连是对称的。其概念图如图 6.2 所示,其中 p 点与 q 点通过 o 点密度相连。

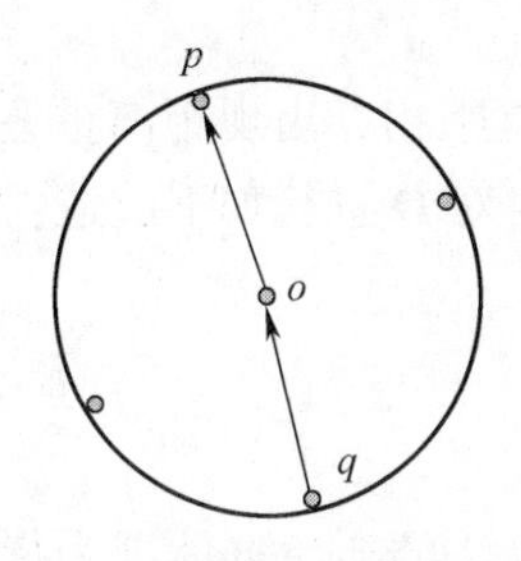

图 6.1　密度可达概念图

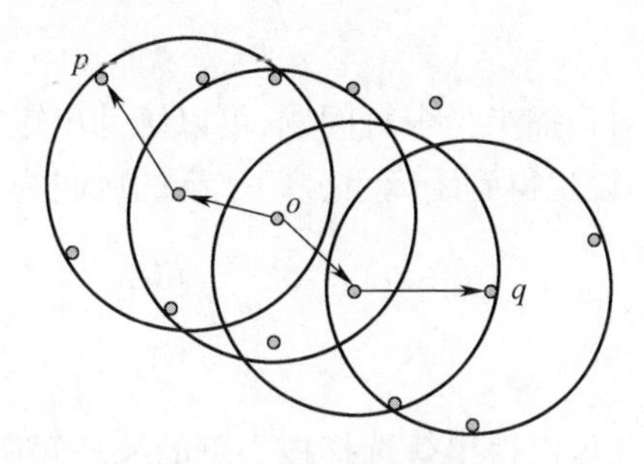

图 6.2　密度相连概念图

簇:从任何一个核心点开始,从该对象点密度可达的所有对象点构成一个簇。

对于数据集 D 中对象 p,计算出所有与 p 最近的第 k 个对象之间的距离 $\mathrm{dist}_k(p)$。p 遍历 D 中所有对象,得到集合 $\mathrm{Dist}_k = \{\mathrm{dist}_k(p)\}$,将 Dist_k 绘制成排序图,若数据集的簇密度分布较均匀,不同簇之间的距离会很大,因此大部分的 Dist_k 图中的曲线在某点会突然变陡,而传统算法则认为那个突然变陡点对应的距离即为 Eps 的值。因此传统算法仅仅只能对密度均匀的数据集有效,而且完全凭借经验去设定参数 minPts 和 Eps 的值。

6.1.2　遗传算法改进方案

针对阈值 minPts 和 Eps 的确定问题,本书采用遗传算法来改进 DBSCAN 算法,改进算法的设计主要包括编码策略、群体设置、适应度函数设定、算法结束条件等环节。针对编码问题,本书使用实数编码方式直接采用解空间形式编码,其优点为根据具体问题可对个体部分或全部的分量进行取值约束,用原参数进行遗传操作,使寻优范围充满整个最优解可能存在的空间,便于大空间搜索,不易陷入局部极值,能够处理复杂的变量约束条件、多维和高精度的数值优化问题与非常规约束的复杂优化问题。

针对群体设定问题,群体规模影响遗传优化的最终结果以及遗传算法的执行效率,本书设定最优解所占空间在整个问题空间中的分布范围,然后在此范围内设定初始群体。具体做法如下。

建立数据集点距矩阵 $\boldsymbol{D}$,矩阵能够体现该数据集中各个点与其他点之间的距离 d_{ij},表达如下:

$$
\boldsymbol{D}=\begin{bmatrix} 0 & d_{21} & \cdots & d_{n1} \\ d_{12} & \ddots & & d_{n2} \\ \vdots & & \ddots & \vdots \\ d_{1n} & \cdots & \cdots & 0 \end{bmatrix} \tag{6.1}
$$

针对扫描半径求解问题,可以统计出矩阵 $\boldsymbol{D}$ 中点距相近出现距离重叠区间的频率,设定得到距离重叠频率高的区间为$[a,b]$,再对 $\boldsymbol{D}$ 进行如下改造:

$$
d'_{ij}=\begin{cases} 1, & a \leqslant d_{ij} \leqslant b \\ 0, & \text{其他} \end{cases} \tag{6.2}
$$

由此可以得出待选择核心点的零一矩阵,遗传算法的初始群体即为待选择核心点集合。

遗传算法的适应度函数不受连续可微的限制,是针对输入能够计算出可加以比较的非负结果,其设计直接影响到遗传算法的性能。设定群体个数为 n,根据矩阵 $\boldsymbol{D}$ 的距离与高重叠频率区间关系,设定各个点距适应度函数如下:

$$
f_{ij}=\begin{cases} \dfrac{d_{ij}}{\sum\limits_{i}^{n} d_{ij}}, & d'_{ij}=1 \\ 0, & d'_{ij}=0 \end{cases} \quad (i=1,2,\cdots,n) \tag{6.3}
$$

由此,可以得到初始群体中各个待选择核心点的适应度如下:

$$
f_i=\sum_{j=1}^{n} f_{ij} \quad (i=1,2,\cdots,n) \tag{6.4}
$$

6.1.3 基于遗传算法的空间密度聚类算法设计与改进

如果在搜索过程中经过若干代的进化仍然找不到最优核心点,说明在以前各代中仅以适应度为依据所选取的父代并不能找到最优点,传统遗传算法以此为依据进行的不断再生致使群体中不断加入与父代相近个体,使得非最优个体在群体中所占比例加大,产生遗传漂移,最终收敛于局部最优解。因此,改进传统遗传算法需要在选择父代时,考虑群体适应度的同时,还应将动态调整纳入考虑范畴。

改进算法的具体步骤如下:

(1) 定义调节系数 α 和阈值 θ,其中 α 和 θ 为正小数,设定调节周期为 K 代,设定群体待选择个数为 n,适应度函数为 f。

(2) 求初始群体中各个个体适应度,并进行如下操作:

$$\max_{i=1}^{n} f_i \rightarrow f_1 \tag{6.5}$$

备份初始群体,以便在陷入局部极小时能够恢复。

初始群体中个体 i 被选为核心点的概率如下:

$$P_i = \frac{f_i}{\sum_{i=n}^{n} f_i} \tag{6.6}$$

使用概率 P_i 选择核心点,并对当选个体进行备份。

(3) 初始化再生代计算器 $I=0$,按照 DBSCAN 算法进行聚类划分,并根据传统 GA 算法进行遗传操作,并对当选核心点进行备份,若找到最优解则算法结束;否则 $I=I+1$。

(4) 在当前群体中去除访问过的核心点,在剩下的核心点中取最大适应度值付给 f_2:

$$\max_{i=1}^{n} f_i \rightarrow f_2 \tag{6.7}$$

若

$$f_2 - f_1 \geqslant \theta \tag{6.8}$$

则说明搜索过程仍朝优化方向进展,用当前群体中的个体替换保留群体中的个体,并将 $f_2 \rightarrow f_1$,转至(3)。

若

$$f_2 - f_1 < \theta \text{ 且 } I = K \tag{6.9}$$

则说明收敛过程进展缓慢,可能陷入局部最优,此时用保留群体替换当前群体,以使得群体恢复到 K 代以前状态,并将在前 K 代再生中曾被选作父本的个体以及与父本相近个体的选择概率降低,即

$$P_i = \alpha P_i \tag{6.10}$$

转至(3)。

由此算法,我们可以准确地确定核心点以及相应的阈值 minPts 和 Eps。时间主要消耗在遗传算法的迭代过程,单次迭代时间复杂度为 $O(n^2)$,在种群数量为 s 的情况下迭代 t 次,算法总时间复杂度为 $O(stn^2)$,算法时间复杂度高于 K-均值算法。但此算法可以解决 minPts 和 Eps 精确值的求解问题,使用 MapReduce 方法在本书算法提高 minPts 和 Eps 精度的前提下,优化 DBSCAN 算法

的时间问题。

6.2 基于并行计算的遗传空间密度聚类算法

对于数据量大的问题,遗传空间密度聚类算法(GA-DBSCAN)最大的短板就是时间复杂度,因此我们提出基于 MapReduce 编程框架的 GA-DBSCAN 算法,在保证数据划分合理的前提下,采用分箱误识别占比算法(FPRBP)[121]使用网格划分和数据分箱技术对原始数据集进行精确划分,保证没有重叠区,在此基础上使用 Map 和 Reduce 函数就可以完成算法的并行化,从而解决了算法执行效率低的问题[122]。其中,宋杰等提出一种优化 MapReduce 系统能耗的任务分发算法,通过动态调整 Map 任务和 Reduce 任务大小,即任务处理数据量的规模来保证任务并行性,以降低 MapReduce 系统的整体能耗[123];王卓等提出基于增量式分区策略的 MapReduce 数据均衡方法,该方法首先在 Map 端产生多于 Reducer 个数的细粒度分区,由 JobTracker 根据全局的分区分部信息筛选出部分未分配的细粒度分区,同时结合代价评估模型将选中的细粒度分区分配到各 Reducer 上,更好地解决了数据划分后的均衡问题[124];荀亚玲等提出 MapReduce 集群环境下的数据放置策略,通过对目前 MapReduce 集群环境下的数据放置策略优化方法的研究与进展进行了综述和分析,归纳了数据放置策略的下一步研究工作[125-126]。

6.2.1 映射过程

每个数据节点(Namenode 和 Datanode)对分派到的任务进行 GA-DBSCAN 聚类,中间聚类结果以键值对<*P*,*FCB*Co>(<key,value>)的形式输出。*P* 是数据对象的编号,且在整个数据集中是唯一的,从而可以表示键 key 的值,value(*F*,*C*,*B*,Co)包括四部分,其中 *F* 表示分区编号,在执行分区函数 FPRBP 时被赋值(此时改进后的算法会消耗一定的时间);*C* 表示簇编号;*B* 表示是否为边界数据对象;Co 表示是否为核心对象。具体流程如图 6.3 所示。

其形式化描述如下:

(1) 初始化变量 Cid 值为 1,对数据集执行 GA-DBSCAN 算法,确定 minPts 和 Eps(此时如果数据集的规模较小,无法发现改进后的算法跟原始算法执行效率上的明显区别,当数据量激增的时候,效果会很明显,由后面的实验部分可以验证);

(2) 选取一个数据对象 *p*,并标记 *P* 值,如果 *p* 的簇编号不为空,跳转到步骤(7);

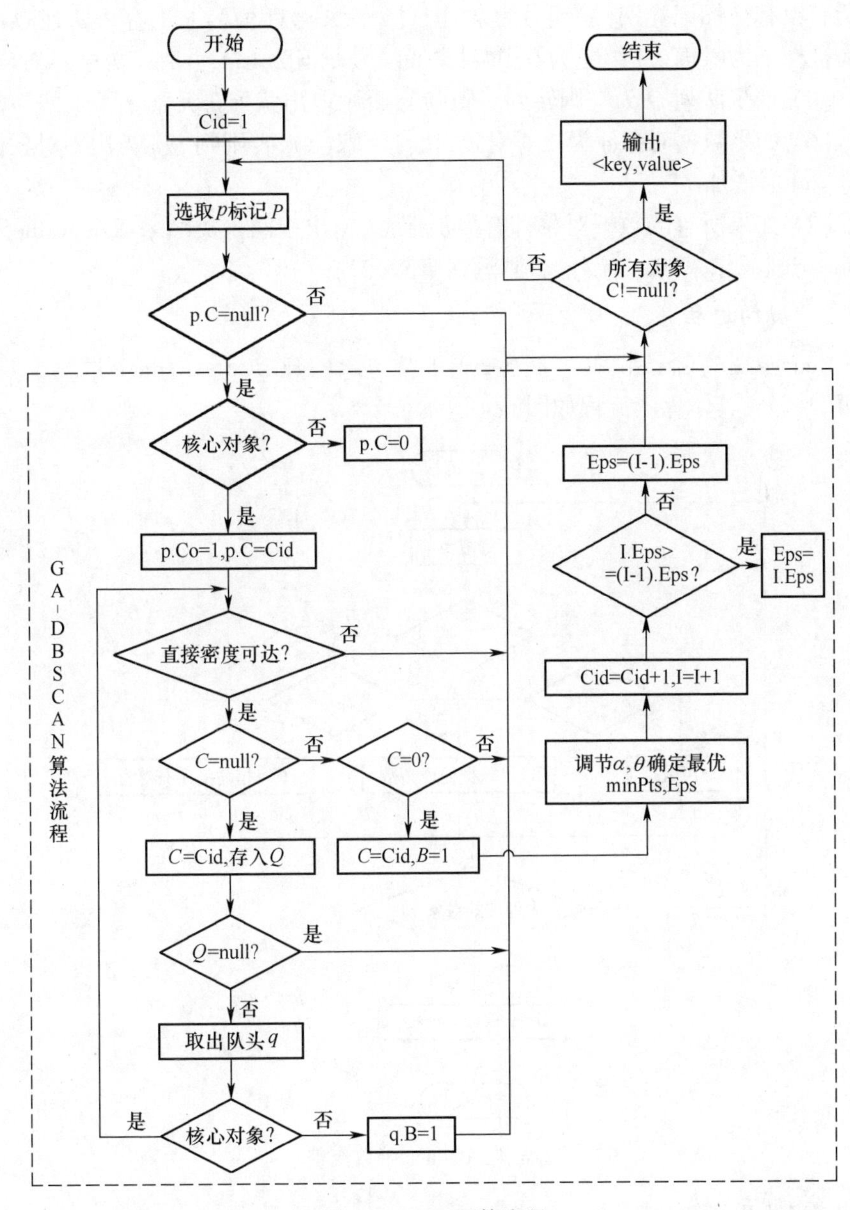

图 6.3　Map 函数流程

(3) 如果 p 是核心对象,则 p 的簇编号被赋值为 Cid,否则暂时确定 p 为噪声点,簇编号被赋值为 0;

(4) 遍历从 p 出发直接可达的所有数据对象,并判定其不是边界对象,将其中所有没有被标记类别(簇编号为空)的对象簇编号赋值为 Cid,存入队列 Q 中,此前被标记为噪声(簇编号为 0)的对象簇编号赋值为 Cid,并判定为边界对象;

(5) 如果队列 Q 为空则转到步骤(7),否则取出队列头元素 q;

(6) 如果数据对象 q 为核心对象,执行步骤(5),否则判定 q 为边界对象值,变量 Cid 值增加 1;

(7) 如果所有的数据对象都有类别标记,输出中间聚类结果<key,value>到 Reduce 过程,结束 Map 流程,否则返回步骤(2)。

6.2.2 规约过程

Reduce 处理器接收 Map 产生的中间数据<P,FCBCo>,Reduce 过程主要分为两个部分,具体算法流程如图 6.4 所示:

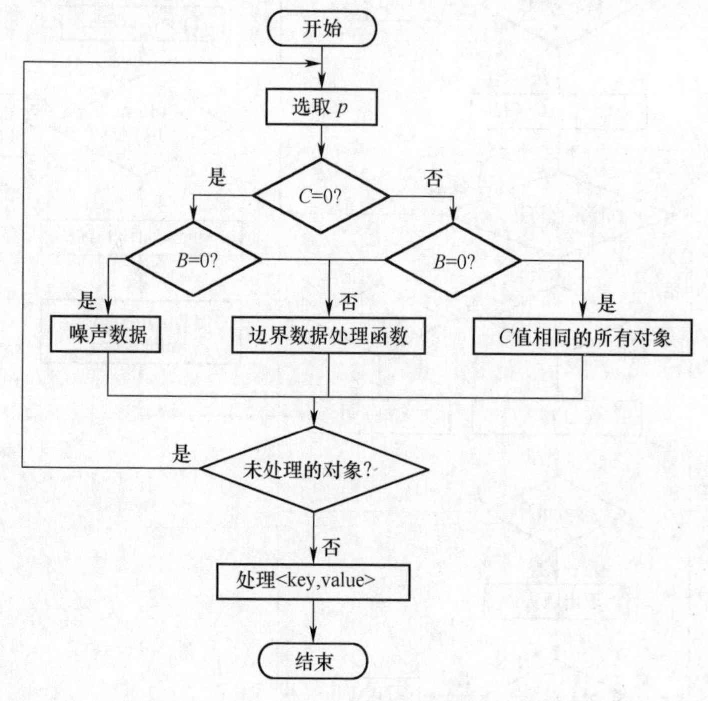

图 6.4　Reduce 函数流程

其形式化描述如下:

(1) 选取数据对象 p,判断是否属于噪声集,是否为边界对象;

(2) 根据 p 的 value 值做如下处理:

① 若标定为噪声且不是边界对象的数据,则标定为噪声数据;

② 既不是噪声又不是边界对象的数据,找到与其簇编号相同的所有数据

对象；

③ 所有标定为边界对象的数据，交给边界数据处理函数进行进一步处理；

(3) 若存在未处理的数据对象，返回步骤(1)；

(4) 根据边界处理函数合并的结果，对整个数据集中聚类的类别重新进行簇的编号，从而得到统一的簇编号，结束 Reduce 流程，输出最终的<P,FCBCo>结果。

6.3 实验结果分析总结

仿真实验是在由一个主机 master 附带 3 个 slave 节点计算机组成的集群上实现的，其中，master 采用 DELL PRECISION T1700 工作站，配置为四核、八线程的酷睿 i7-4770CPU、16GB 内存和 SATA7200 转/秒、容量为 1TB 的硬盘，slave 采用配置为内存 8GB、硬盘 500GB 的同款 Dell 工作站，操作系统为 Ubuntu12.04，所有的节点由千兆以太网交换机相连，Hadoop 版本为 2.6.0。

数据源于 Nutch 爬虫获取的 30GB 百度百科数据，且对数据进行了相似数据编码处理后，抽取样本数据点进行聚类仿真实验，算法的改进过程的整体优越性显得尤为重要。首先利用改进算法重复实验 5 次，记录实验结果数据，取平均值发现参数 α 与 θ 有如图 6.5(a)所示的关系。改进算法在选择父代时，考虑群体适应度的同时，还将动态调整纳入考虑范畴，引入调节系数 α 和阈值 θ，经过不断的重复实验可以发现，迭代过程中适当增大 α 的值，并通过调整 θ 就可以避免 minPts 和 Eps 陷入局部最优解，通过实验数据可以总结发现参数 θ 与 minPts 准确率的关系如图 6.5(b)所示。迭代求解过程向着优化方向进行的前提下，算法执行的准确率就会越来越高，但是准确率并不是随着 θ 的增大不断增高，当 θ

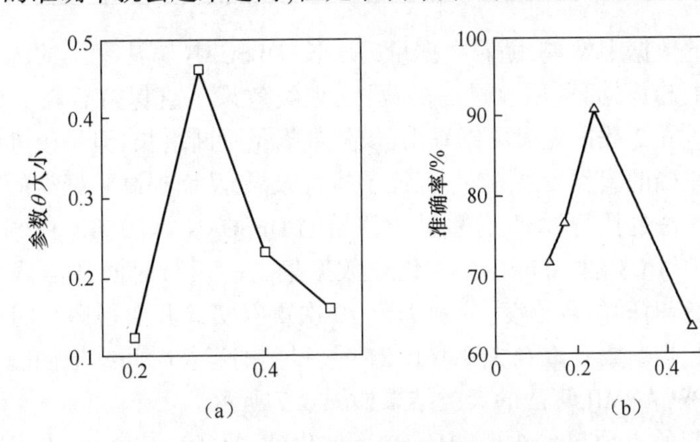

图 6.5 参数与准确率的关系图

(a)参数 α 与参数 θ 关系图；(b)参数 θ 与 minPts 准确率关系图。

增加到一定程度之后，随着 θ 的继续增大，准确率直线下降。这是因为 θ 超出一定的值以后，直接导致了父代子代的差别无限变小，也就不会有迭代更替情况的发生，即第一次选定的种群(数据集)直接被判定为最终要求解的种群，进而 minPts 的求解过程也被认定为完成，导致 minPts 和 Eps 的求解精度的下降。

记录实验过程，发现参数 α 和 θ 取值如表 6.1 所列时，得到的聚类效果最优，聚类的准确率如表 6.2 所列。

表 6.1　参数适配表

参数	数据				
	3400	9880	14886	20350	24650
α	0.3	0.3	0.4	0.4	0.2
θ	0.21	0.43	0.50	1.68	2.89
minPts	5	4	4	3	4
Eps	0.348	0.268	0.869	0.932	1.895

表 6.2　算法执行准确率

准确率	数据				
	3400	9880	14886	20350	24650
DBSCAN	98.61	96.37	93.22	89.93	83.29
GA-DBSCAN	99.98	99.26	98.16	96.87	94.56
GA-DBSCANMR	99.47	98.86	97.75	96.39	94.24

从表 6.1 的数据中发现，随着数据量的增长，DBSCAN 算法聚类的准确率呈现出明显下降的趋势，而利用改进后的算法，聚类效果一直保持着较高的准确率。同时研究表 6.2 数据规律可以看出，虽然数据量不断增长，但是改进后的算法一直保持着正确的聚类发展方向，保证了执行效果，从而提高了聚类的精度。

为了验证算法的执行效率，分别针对原始的 DBSCAN 算法、GA-DBSCAN 算法以及 GA-DBSCAN 算法 MapReduce 化在数据集上的运行时间和准确率做比较，为了保证运行时间的可信度，分别进行 10 次重复实验并取得运行时间的平均值，实验证明，当参数 α 取 0.3，θ 取 0.21 时，得到的运行时间结果如图 6.6 所示，执行 GA-DBSCANMR 算法的聚类结果如图 6.7 所示。

可以看出起始点数量较少时，MapReduce 化的 GA-DBSCAN 算法相比于原算法没有执行效率上的优势，反而比原始算法更加耗时，这是由于执行分区函数

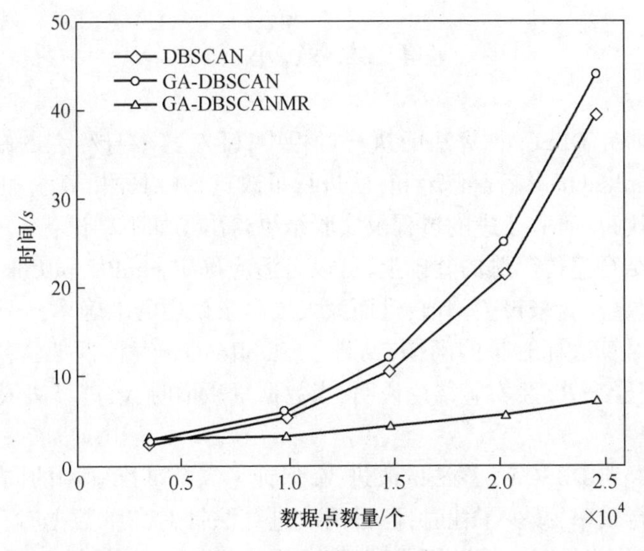

图 6.6　运行时间对比

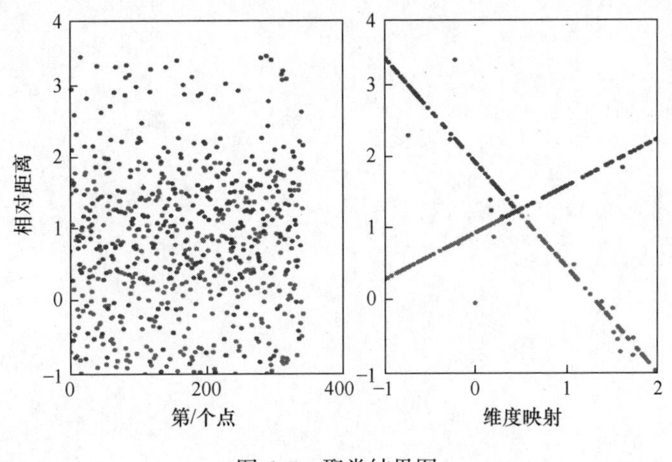

图 6.7　聚类结果图

FPRBP 和向节点分配任务的时候,会消耗一定的时间。当数据量增加到下一个数量级的时候,MapReduce 的作用就会凸显出来,而且随着数据量的不断增加,单机下的 DBSCAN 算法的执行时间呈现直线增长的趋势,而改进后的算法在执行时间的走势上基本保持平稳,说明改进的算法充分发挥了 Hadoop 集群处理大数据集时将数据分割并分配给多个节点进行处理的优势,从而大大提高了 GA-DBSCAN 算法的执行效率。

6.4 本章小结

本书在研究DBSCAN算法的执行过程中，针对其本身存在的缺陷，利用遗传算法和MapReduce编程框架对算法进行了改进，并对原始算法和改进算法进行了实验对比，从研究改进的过程及实验结果得出了如下结论：

(1) 在结合遗传算法的基础上，可以自适应确定minPts和Eps的高度近似值，取代了依靠经验来设置阈值，进而大大提高了聚类的准确率；

(2) 针对算法耗时长的问题，结合了MapReduce编程框架，将大数据集交给Hadoop集群来处理，实验结论说明，当数据量激增时，改进算法依然保持着高效率。

通过对经典DBSCAN算法的改进，在保证了高精准准确率的同时大大提高了算法的执行效率，减少了耗时，但目前改进算法针对高维数据时，仍然会比较耗时，未来工作将针对高维数据集，对算法进行进一步的改造，以使算法具有广泛的应用性。

第七章　一致性哈希的数据集群存储优化策略研究

本章结合虚拟节点技术和均分存储区域技术，结合嵌套循环式数据一致性哈希技术（Hash），提出了分布式集群存储的多副本优化放置策略，按照此种优化策略，能够有序选择数据副本机架，确定数据节点存储位置，保证数据存储的均衡性分布，可以针对集群的实际要求开展扩展，并按照扩展情况制定使数据存储完成自适应优化调整，加快数据处理的速度。有效实验表明存储优化后算例的执行速度得到很大提升，能够保证解决负载均衡问题；而针对实际情况中可能出现的扩展与删减问题进行测试后表明，使用优化存储策略处理此类问题时，振荡对整体负载均衡影响不大，且执行时间与负载占比变化趋势一致。

7.1　一致性哈希数据存储算法

7.1.1　基本原理

针对评价一致性哈希算法平衡性、单调性、分散性、负载问题这四个方面的要素，设计一致性哈希层次模型。

将所有由存储集群组成的存储空间抽象成闭合的环形哈希空间，使用与对象存储一样的哈希算法把所有分布式集群中的机器以唯一识别名映射到环中（通常情况下采用机器的 IP 或者机器别名作为唯一识别名），将机架中所有的数据节点以唯一标识映射到环形空间中，最终通过哈希函数映射找到要存储的机架号，映射确定数据模块要存储数据节点的具体位置，如图 7.1 所示。

7.1.2　一致性哈希算法描述

在分布式集群存储中，基于哈希的组织形式能很好地将数据尽可能平均分布到各个数据节点中。直接将机架和数据节点映射到哈希环，由于映射情况的分散性和降低负载的需求，会存在数据存储分布不均衡的问题。充分考虑系统预期的规模，为机架和数据节点引入虚拟节点，通过一致性哈希映射，数据对象能够均匀分配到各虚拟节点，减少数据直接映射到节点后由于扩展带来的数据迁移，如图 7.2 所示。

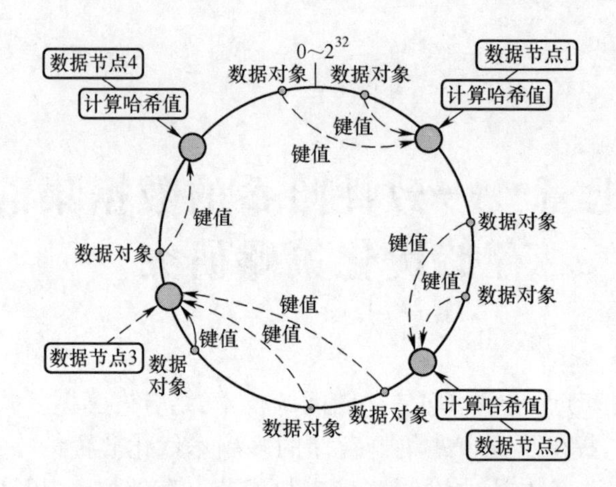

图 7.1　一致性哈希映射过程

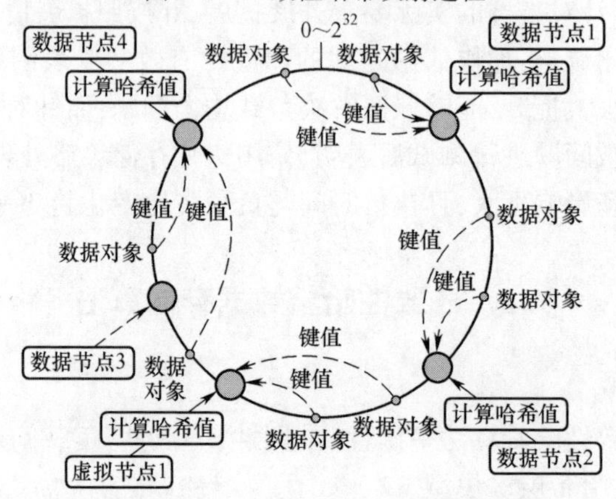

图 7.2　引入虚拟节点后的映射过程

通过这种设计方式,能够使存储环中的每个机架以及数据节点对应多个虚拟数据节点,由于所有的虚拟数据节点都能够映射到存储环状空间,因此在一致性哈希计算过程中,可以使数据查询转变为对存储数据的机架和数据节点进行操作,完成查询到虚拟节点的任务,虚拟节点的数量可以依据设备硬件性能进行划分和添加,保证能在均衡分布存储数据的同时兼顾各数据节点的性能因素,提高系统整体性能。

7.2　优 化 策 略

7.2.1　数据存储空间优化调整

分布式文件管理系统(HDFS)通常的设计方案都是用于支持大文件的数据

存储的，HDFS 中典型的数据块大小默认是 64MB。HDFS 文件访问存储空间的时间主要包含三个因素：寻址时间、响应时间和数据传输时间。访问性能经常通过文件传送效率衡量，如式(7.1)所示。

$$\eta_{\text{eff}} = \frac{t_{\text{rep}} + t_{\text{trans}}}{t_{\text{adr}} + t_{\text{rep}} + t_{\text{trans}}} = 1 - \frac{t_{\text{adr}}}{t_{\text{adr}} + t_{\text{rep}} + s_{\text{block}}/\nu} \tag{7.1}$$

式中：t_{adr} 为文件系统寻址时间；t_{rep} 为响应时间；t_{trans} 为数据传输时间；s_{block} 为数据存储空间；ν 为数据传输速度。

由上式可以看出，在设备硬件性能和数据布局确定时，寻址时间、响应时间也是能够确定的，那么数据存储空间的设定就会对文件传送效率影响显著。数据存储空间设定过大时，能够提高文件传送效率，但会造成负载分布不均衡的问题；数据存储空间设定过小时，能够较好地满足降低负载的需求，但会降低文件传送效率。因此需要综合考虑负载均衡问题和文件传送效率，调整数据存储空间。

本书使用对存储空间进行均分的方法，将存储空间的环形区域进行均分操作，此时存储空间中的所有虚拟节点都包含多个均分存储区域，即每一个虚拟节点负责的存储空间都由多个均分区域组成。当数据节点通过哈希计算映射到存储空间后，定址找到数据节点所处位置的第一个均分区域为此节点的映射位置，若位置冲突则使用线性探测再散列的方法顺时针方向继续查找下一个均分区域，直到每个数据节点负责的存储空间都由多个等分区域构成。存储时，数据按照划分好的存储空间可以完成分组存储，当集群中有机器添加或者删除时，通过按顺时针迁移的一致性哈希算法规则，在保持单调性的同时，减少了数据的迁移量和服务器的压力。等分存储空间后，数据节点映射存储位置如图 7.3 所示。

7.2.2 数据调整策略

副本数量和副本放置位置是副本放置策略的两个主要研究方面：副本数量越多，数据可用性越高，系统性能越好，但存储与通信消耗系统的成本也越大，影响用户服务质量。数据可用性、系统的扩展和负载均衡(包括系统数据节点的存储平衡和数据读写的负载均衡)等问题受到副本放置位置的影响，HDFS 的副本放置策略为两个副本放置在相同机架上的不同数据节点上，第三个副本放置在不同于此机架的数据节点上，使用这种方法能够提高数据写性能，减少读操作的网络聚合带宽，对于多副本问题(m 个副本)，沿用此方式，通过哈希算法函数映射存储到 n 个机架，设定顺时针方向依次在 k 个机架中的每个机架内选取两个不同数据节点存储两个副本，若机架或者数据节点存在异常，继续按照顺时针方向查找相邻机架或者数据节点进行搜索，检验存储空间满足条件后完成存储

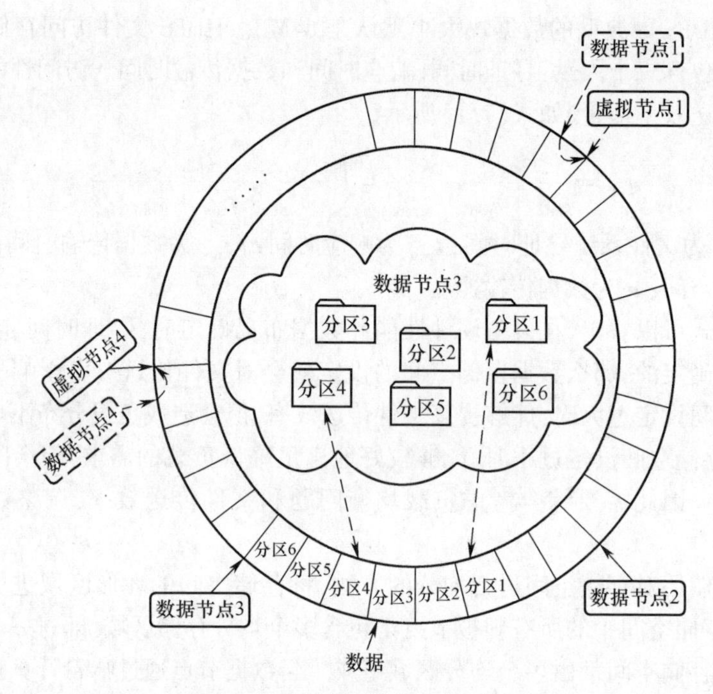

图 7.3　等分存储空间映射示意

工作;在 $n-k$ 个机架中按上述方法每个机架内顺次选取一个合适的数据节点用来存储剩余的副本。通过两次嵌套哈希计算映射方式在环状存储空间寻找机架的数据节点,具体流程如图 7.4 所示。

机架进入环状存储空间时,变化机架前后几个与备份数据相关机架的迁移状况如图 7.5 所示,针对数据节点的添加和删除问题,可以依照顺时针迁移规则使用一致性哈希算法映射得到环状空间上新的映射数据节点,此时数据在单个机架中的等分区域内发生映射变化,存储数据可能保持原有存储位置或者产生小范围迁移;针对机架的添加和删除问题,存储数据多份备份依照一致性哈希算法映射被连续存储在环状空间毗邻的几个机架上,当集群添加机架或者遇到故障退出机架时,与之相邻的前后几个机架的数据都需要进行迁移。机架出现变化后,数据节点的映射方式可根据图 7.4 所示流程确定。可以看出,使用此种算法处理分布式集群数据存储问题能够继承一致性哈希算法在保持单调性的同时,可以避免大量数据迁移而加大服务器压力的优点。

7.2.3　性能分析

在对存储数据进行优化时,数据文件都按照给定的等分区域的空间大小进行备份操作,并按照一致性哈希完成分布存储。而根据上述数据调整策略,在分

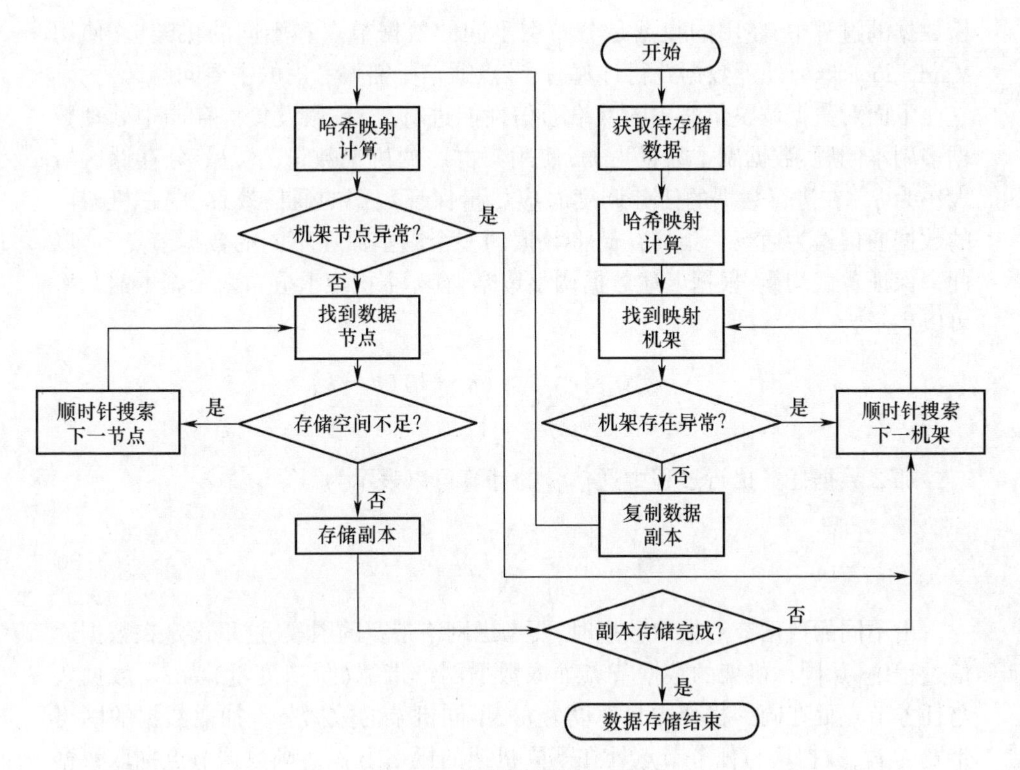

图 7.4　数据调整策略流程

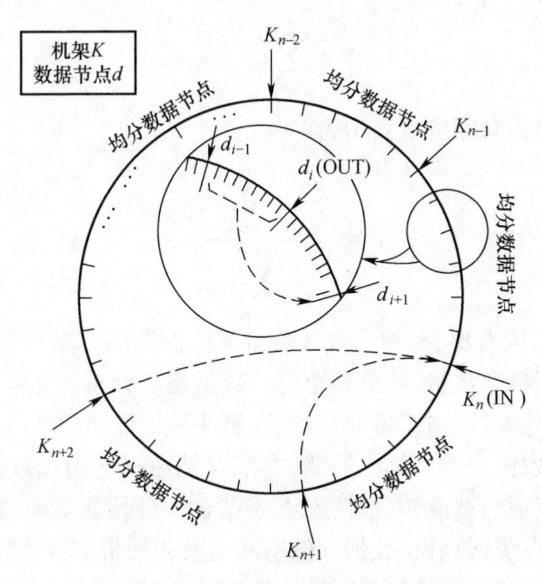

图 7.5　数据迁移示例(2 备份数)

析数据的过程中,使用的数据是分布在不同的数据节点和不同的机架上,使用MapReduce 框架处理数据并行计算时,节点通信是需要考虑的主要问题。

下面对数据调整策略中的网络通信性能进行分析,假设集群存储中处理数据多副本问题,数据副本数量为 m,使用集群中的机架数量为 n,等分存储区域大小为 q。在进行数据的任务调度时应尽量保证数据的通信效率,同一机架内的数据通信最为通畅。集群存储将数据的多个副本放在不同的数据节点下,以此来保证负载均衡,根据上述数据调整策略,有 k 个机架上分布两个副本的几率可以表示为

$$P_i = \frac{C_m^{2k} C_m^{n-k} P_{2(m-n)}^2 (n-1)(n-k)}{m!} \tag{7.2}$$

那么数据任务执行过程中通信量的计算可以表示为

$$S = \sum_{i=1}^{m} P_i q \tag{7.3}$$

由不同的数据节点抽取数据时,要考虑网络带宽的因素,这里设定在数据通信过程中,从同一机架的数据节点抽取数据网络带宽(价值度量)为 v_1,数据块与任务节点处在同一机架内几率设为 p_1,不同机架的数据节点抽取数据的网络带宽为 v_2,数据块与任务节点处在不同机架的概率为 p_2。则数据节点抽取数据的网络带宽可以表示为

$$V = \sum_{j=1}^{2} (p_i v_i) \tag{7.4}$$

综上所述,通信时间可以表示为

$$T = \frac{S}{V} = \frac{\sum_{i=1}^{m} P_i q}{\sum_{j=1}^{2} (p_i v_i)} \tag{7.5}$$

由式(7.5)可以看出,影响一致性哈希算法性能的因素有存储集群规模、备份副本数量、使用机架数量、通信带宽等。数据集群分布情况下,集群规模越大,数据聚类关联性越差,网络宽带通信增长,算法执行性能越差。一致性哈希算法通过增加数据获取概率改良算法性能,考虑存储数据开销和数据的协调一致性因素,副本数量应适当选取,一般情况下应结合文件传送效率、负载均衡等要素综合考虑。所以在集群规模、数据存储空间以及通信带宽变动较小的情况下,使用一致性哈希算法可以有效地提高数据处理效率。

7.3 实验与结果分析

在局域网中搭建 HDFS 存储集群,操作系统使用 Ubuntu14.04,安装 Hadoop 云平台计算,英特尔至强 4 核 CPU,8G 内存,1TBSATA 硬盘,千兆网卡配置用于存储集群数据节点的连接,模拟 6 个机架,每个机架分别有 6、8、12、9、8、10 个数据节点。

整个集群中,最低配置为三个节点,可以实现高可用,当某一节点出现故障时,其他节点可以对外提供服务。同时,任何数据块,多副本会优先选择不同节点存放,确保了节点故障时,数据不会丢失;当增加一个节点时,集群会自动把原节点存放副本的数据分发一份到新增节点,而有一个节点故障时,在设定的节点老化时间之后,集群将会自动分发出三份副本,确保数据副本的一致性和安全性;当节点数超过三个时,三份副本的存放会在多个节点中根据负载均衡来选择存放。通过这样的多副本冗余存储、集群负载均衡、服务高可用、元数据备份以及历史版本,能够压缩可用空间,实际可用空间=物理空间/3,通过标准化硬件来提升可用性的同时,降低总体应用成本。实验使用作者课题组所研发的“基于大数据智能库存管理关键技术及系统研发”中存储的真实数据集,数据集的具体情况见表 7.1,数据节点的性能是相同的,数据节点需要依据实际的存储集群情况进行配置,使用网卡物理地址与局域网 IP 联合作为唯一标识位置,映射函数使用一致性哈希的 Chord 算法,等分存储空间大小设定为 64MB,上传数据规模为 50GB,存储约 1200 个存储区域。

表 7.1 实验使用数据

文件	副本数	文件大小	占用空间	记录条数
用户信息	3	1MB	3MB	2130
发布消息	6	16GB	48GB	512k
环境数据	4	640MB	1900MB	9680

使用上述设置完成多机架连接测试并行性能变化趋势实验,验证多机架并行连接与备份分配比重关系。这里认为各个数据节点均衡分布且个体性能差异不大,理论上各机架中数据节点按照一致性哈希算法被分配数据备份的机会均等。从图 7.6 中可以看出,按照数据的负载均衡理论实际情况中机架的数据节点备份应与理论情况相近,能够保证机架之间数据的平衡性存储。图 7.7 示为运行时间对比情况,使用一致性哈希优化算法与标准 hadoop 平台下的约减端连接查询处理算法对数据进行连接查询,对比可知,映射任务在本地完成数据连接

明显比从映射端到约减端的数据传输花费时间短,缩减了数据传输的启动开销。

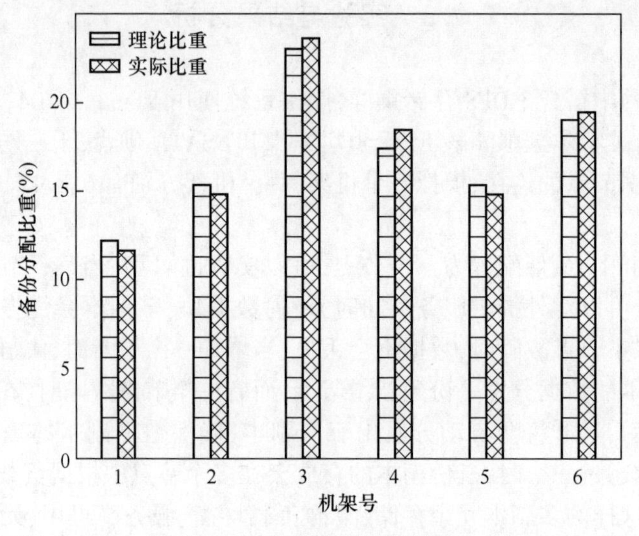

图 7.6　机架备份分布情况

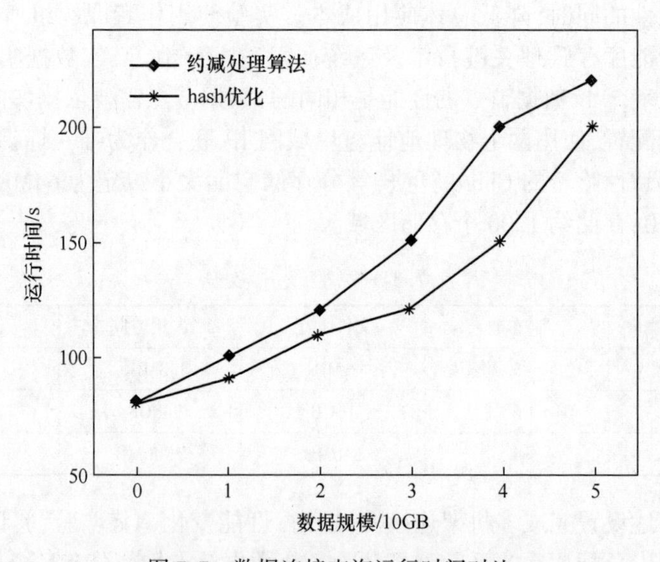

图 7.7　数据连接查询运行时间对比

使用数据上传实验将数据集从本地文件系统上传至 HDFS,验证优化存储策略与数据上传速度的关系,通过考虑机架数据节点中的备份数分配情况,了解数据节点之间的数据均衡性能。理论上认为数据节点分布在均匀区域内,且性能差异不大,那么数据节点会有均等的机会被分配机架获取的备份。由图 7.8

可以看出，随着数据规模的增长，数据传输的最终通信时间能够基本保持稳定(51.5s 左右且浮动振幅不大)，机架中各个数据节点获取备份的概率均能保持在理论值(10%)上下浮动，表明机架中的数据节点在被分配备份时能够保证负载均衡。

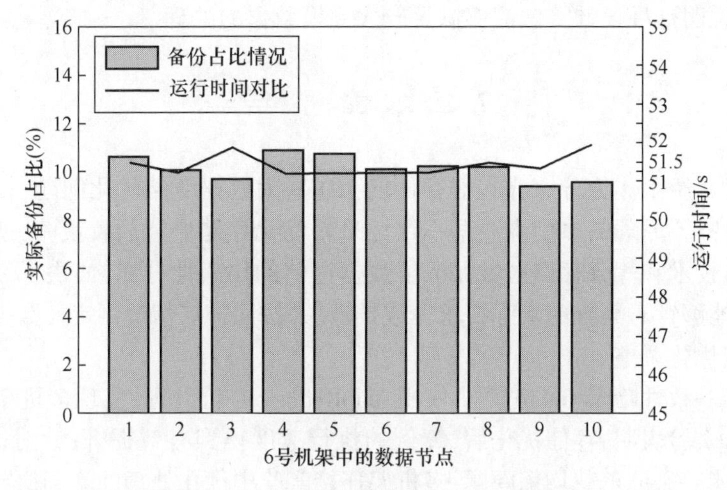

图 7.8 实际备份分布情况及运行时间对比

根据数据迁移与备份数比例变化趋势验证一致性哈希算法单调性和负载均衡的特性，完成对集群数据节点添加与删除的操作，图 7.9 为机架经过映射调整后的实际值获取备份情况，可以看出新添加的数据节点获取备份概率较高，出现这种情况的原因是数据在完成映射的过程中需要重新规划数据节点获取备份的

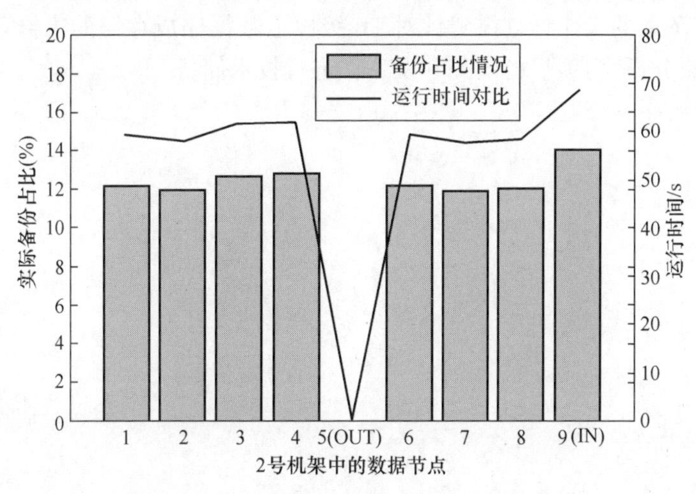

图 7.9 数据节点调整后备份分布情况

概率,但振荡幅值较小在合理范围内(1.8%),并没有影响机架内的整体负载均衡;出现这种情况是因为需要花费另外的时间来选择数据节点。图中给出了采用一致性哈希算法与随机分布的 Hadoop 平台策略进行数据调整的运行时间对比,可以看出随着新进节点的数据规模增长运行时间增长幅度较小,数据处理效率较高,说明这种设计算法能够满足较大规模数据的处理。

7.4 本章小结

本章介绍了作为分布式集群存储的 HDFS 大数据存储优化问题,提出了基于一致性哈希原理的多副本数据一致性哈希优化存储位置放置策略,使用创建虚拟节点技术和等分存储区域保证了数据存储的均衡性分布,加快了数据处理的速度,能够针对集群的实际要求完成扩展,并按照扩展情况制定使数据存储完成自适应优化调整。

基于一致性哈希 Chord 算法使用 MapReduce 并行处理,实现多机架并行连接处理。实验表明,存储优化后,算例的执行速度得到有效提升,针对 GB 级规模数据,能够保证负载均衡问题;多机架连接实验中优化处理的算例执行时间明显低于常规约减处理算法;针对实际情况中可能出现的扩展与删减问题的测试表明,使用优化存储策略处理此类问题时,振荡幅值能够在合理范围内变化,对整体负载均衡影响不大,且执行时间与负载占比变化趋势一致。

由于实验数据和实验硬件条件限制问题,使用数据规模仅能达到 GB 级,而已经能够对优化策略根据数据规模变化的执行时间、效率等变化趋势开展研究与分析,接下来的工作计划搭建针对 TB 级以上数据完成存储的集群环境,进一步进行实验分析,为项目的研究开发工作进行技术储备。

第八章　基于并行计算模式编程模型的改进 K 近邻分类算法研究

采用一种属性约简算法,将待分类的数据样本进行两次约简处理——初次决策表属性约简和基于核属性值的二次约简。通过属性约简方法来删除数据集中的冗余数据,进而提高 K 近邻算法的分类精度。在此基础上应用并行计算模式(MapReduce)并行编程模型,在 Hadoop 集群环境上实现并行化分类计算实验。实验结果表明,改进后的算法在集群环境下执行的效率得到很大提升,能够高效处理实验数据。实验执行的加速比也有明显提高。

8.1　相关知识

8.1.1　K 近邻分类算法的基本原理

K 近邻(K nearest neighbors, KNN)算法是一种基于实例的学习方法。其基本原理如下:通过将给定的检验样本与和它相似的训练样本进行比较来分析结果,此为学习。训练样本通常用属性来描述,一个训练样本包含多个属性,每个属性则代表 n 维空间的一个点。当输入新的训练样本时,KNN 算法即开始进行遍历搜索,得到与新样本最近邻的 k 个训练样本,其示例如图 8.1 所示。

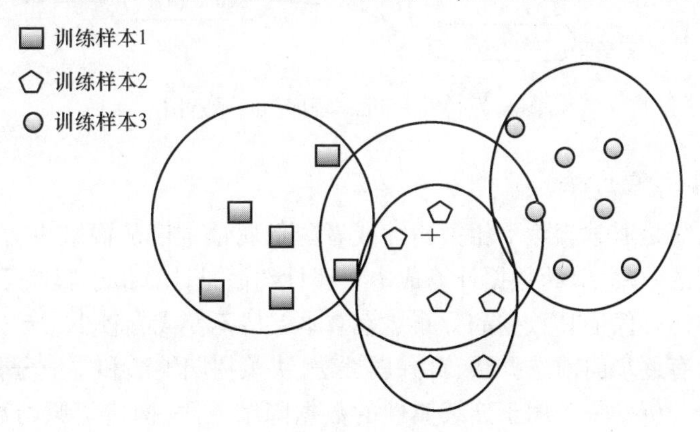

图 8.1　KNN 分类示例

可以看出,给定的训练样本共有三种:正方形、圆形和五边形。每给定一个新的检验样本,就需要计算与其最近的 k 个训练样本,计算的方法通常采用欧式距离计算,再由计算出的 k 个训练样本的分类情况来确定新样本的分类情况。如图 8.1 所示,位于中心位置的圆形区域,囊括了离待分类的六个训练样本,这六个样本中有四个为五边形,按照分类号进行“投票”,则可以将该训练样本分类为五边形。

8.1.2 并行计算模式框架

MapReduce 是一种面向大数据并行处理的计算模式,它是基于集群的高性能并行计算平台,也是并行计算与运行软件的框架,同时也是一个并行程序设计的模型。MapReduce 框架程序主要由 Map 函数和 Reduce 函数组成,首先由 Map 函数负责对数据进行分布计算,即将输入的数据集切分为若干独立的数据块,各个 Mapper 节点在工作时不能够实时交互,框架会将 Map 输出的数据块进行排序;然后将输入结果发送给 Reduce 函数,Reduce 函数负责对中间结果进行处理,以得到最终结果并进行结果输出,图 8.2 为 MapReduce 程序执行示意图。

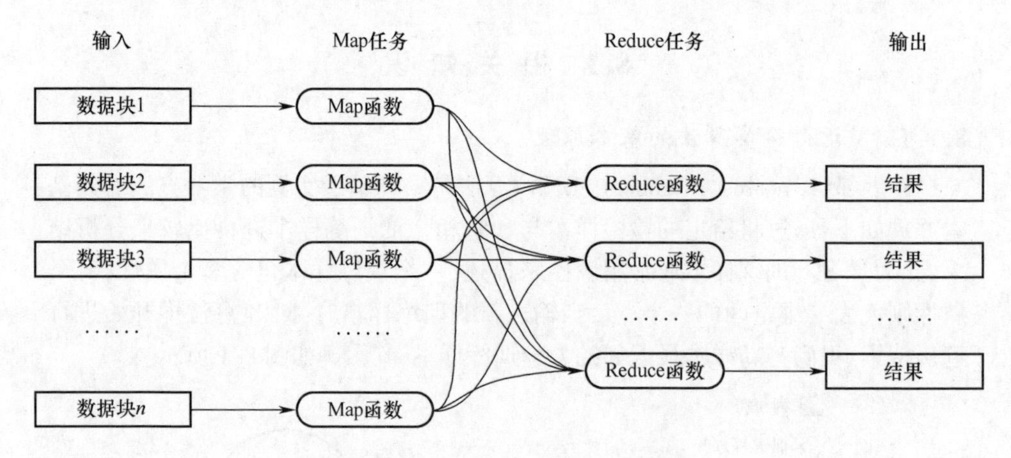

图 8.2　MapReduce 程序执行示意图

8.1.3 属性约简方法

属性约简是通过删除不相关属性或者降低属性维度从而减少数据冗余,提高数据处理的效率,节约数据计算成本。属性约简是计算最小属性子集的过程,在此过程中还要保证其数据的分布概率基本保持不变或有较少改动。常见的属性约简方法有逐步向前选择法、合并属性法、决策树归纳法和主成分分析法等方法。主成分分析是一种用于连续属性的数据降维方法,构造了原始数据的一个正交变换,新空间的基底去除了原始空间基底下数据的相关性,这样较少的新变量能够刻画出原始数据的绝大部分变异情况。在应用中,通常是选出比原始变量个数少,能解释大部分数据中的变量的几个新变量,即主成分来代替原始变量进行建模。

其计算步骤如下:

(1) 设原始变量 $X_1,X_2,\cdots,X_P$ 的 n 次观测数据矩阵为

$$\boldsymbol{X}=\begin{bmatrix} x_{11} & x_{12} & \cdots & x_{1p} \\ x_{21} & x_{22} & \cdots & x_{2p} \\ \vdots & \vdots & \vdots & \vdots \\ x_{n1} & x_{n2} & \cdots & x_{np} \end{bmatrix}=(X_1,X_2,\cdots,X_P) \tag{8.1}$$

(2) 对观测的数据矩阵进行中心标准化,并将标准化后的数据矩阵仍然记为 $\boldsymbol{X}$;

(3) 求相关系数矩阵 $\boldsymbol{R}$,$\boldsymbol{R}=(r_{ij})_{p\times p}$,$r_{ij}$ 的定义为

$$r_{ij}=\sum_{k=1}^{n}(x_{ki}-\overline{x}_i)(x_{kj}-\overline{x}_j)\Big/\sqrt{\sum_{k=1}^{n}(x_{ki}-\overline{x}_i)^2\sum_{k=1}^{n}(x_{kj}-\overline{x}_j)^2} \tag{8.2}$$

(4) 求 $\boldsymbol{R}$ 的特征方程 $\det(\boldsymbol{R}-\lambda\boldsymbol{E})=0$ 的特征根 $\lambda_1\geqslant\lambda_2\geqslant\lambda_p>0$;

(5) 确定主成分个数 m: $\sum_{i=1}^{m}\lambda_i/\sum_{i=1}^{p}\lambda_i\geqslant\alpha$,α 根据实际问题确定,一般取 80%;

(6) 计算 m 个相应的单位特征向量:

$$\beta_1=\begin{bmatrix}\beta_{11}\\ \beta_{21}\\ \vdots \\ \beta_{p1}\end{bmatrix},\beta_2=\begin{bmatrix}\beta_{12}\\ \beta_{22}\\ \vdots \\ \beta_{p2}\end{bmatrix},\cdots,\beta_m=\begin{bmatrix}\beta_{m2}\\ \beta_{m2}\\ \vdots \\ \beta_{m2}\end{bmatrix} \tag{8.3}$$

(7) 计算主成分:

$$Z_i=\beta_{1i}X_1+\beta_{2i}X_2+\cdots+\beta_{pi}X_p\quad(i=1,2,\cdots,m) \tag{8.4}$$

再使用主成分分析降维的方法,可以得到特征方程的特征根,对应的特征向量以及各个成分各自的方差百分比(即贡献率),贡献率百分比越大,向量权重越大。通过此种方法可以在完成属性归约的同时保存与原始数据相配的数据信息。

8.2 改进 K 近邻算法

8.2.1 基于属性约简的 K 近邻分类算法

改进后的 K 近邻分类算法即在进行 K 近邻分类算法的基础上利用属性约

简的相关知识,将算法进行先基于决策表再基于核属性值的两次属性约简,将冗余的数据进行约简,在不影响结果的情况下,提高分类的效率,下面给出改进后算法的形式化描述:

输入:样本数据集 D_1 和训练数据集 D_2,$\{D_1,D_2\} \in D = \{(X_i,Y_i),1 \leqslant i \leqslant n\}$,$X_i$ 表示样本属性值,Y_i 表示样本的类别;

输出:样本数据的类别。

算法步骤:

(1) 对输入的训练数据进行初次属性约简,并计算出核属性值;

(2) 根据样本属性进行基于核属性的二次属性约简;

(3) 利用分布式处理平台对样本数据进行分块处理,对每一块样本数据分别计算其与训练数据属性之间的距离 $d(X,X_i)$,此处的距离采用欧式距离进行计算:

$$d(X,X_i) = \sqrt{\sum_{j=1}^{n} (X_j - X_{ij})^2} \tag{8.5}$$

(4) 对计算出的距离 $d(X,X_i)$ 进行从小到大的排序,选取排在前 K 个训练数据;

(5) 统计前 K 个训练数据的类别,将个数最多的类别预测为当前样本的类别,进行结果分析。

8.2.2 改进后的K近邻算法的并行计算模式并行化

将改进后的 K 近邻算法进行 MapReduce 并行化,主要分为三个阶段来实现:

(1) 下载文件系统中的训练数据集和测试数据集到本地存储节点;

(2) Map 函数将测试样本数据分块,计算出测试数据到训练数据的欧式距离,进行排序;

(3) 将排序结果传送给 Reduce 函数,Reduce 函数将执行 K 近邻分类算法进行规约操作并计算出分类结果,因为 Map 阶段的主键为对应待分类样本在文件中的偏移值,其在 Map 阶段完成时会被 MapReduce 框架自动排序,所以 Reduce 阶段输出的分类号就对应了待分类样本在原文件中的顺序。

算法1:Map 函数

输入:数据点集

输出:数据点到训练样本的距离

```
1.Key:数据文件行号  Value:数据记录
2.For each datapoint in DataPointDS
```

```
3.For i←0 To K; //K 为聚类数
4. 设置 Key:数据点  Value:i_distance(数据点,cluster[i])
5. 输出(Key,Value)
```

算法 2:Reduce 函数

输入:数据点的距离列表

输出:数据点、与该数据点距离最近 key 值

```
1.Key:数据点  Values:Iterator(1_distance_1,2_distance_2,…,K_distance_K)
2. 设置 MinDistance:MAX_VALUE
3.For i←0 ToK
IF distance_i<MinDistance
4. 设置 MinDistance:distance_i
5. 设置 Value:MinDistance
6. 输出(Key,Value)
```

经过上述改进后,得出了一个基于属性约简的改进 K 近邻算法,并对其进行了 MapReduce 编程模型的搭建。接下来进行实验分析验证。

8.3 实验分析

8.3.1 实验环境及数据

该试验运行所需的云平台由实验室 4 台计算机组成,每台计算机装有 3 台虚拟机,共 12 个节点。Hadoop 分布式云计算集群采用 Centos6.0 操作系统、hadoop-1.1.2 版本的 Hadoop。其中一个作为 Master 节点,其余作为 Slave 节点。本次实验采用 7 个数据节点来进行实验。

实验数据采用标准数据集 CoverType DataSet,该数据具有 54 个属性变量,58 万个样本,7 个类别。本书将数据分为测试数据(data1)和训练数据(data2)两部分,其中测试数据共 20 万个样本,大小约为 500MB,训练数据共 38 万个样本,大小约为 1000MB。

8.3.2 实验过程及分析

本实验的主要内容分为两部分:

(1) 分析 K 近邻算法在数据规模相同而在数据节点数目不同的情况下,数据执行时间的对比情况,如图 8.3 所示。首先对给定的训练样本进行初次属性约简和二次基于核属性值的约简,以达到删除冗余数据的效果,然后在 Hadoop

分布式平台上进行基于 MapReduce 的并行化实验,依次导入训练样本和测试样本,实验数据节点数目依次从 1 个添加到 7 个,通过增加节点数目来对实验执行时间进行比较,得出相应结论。

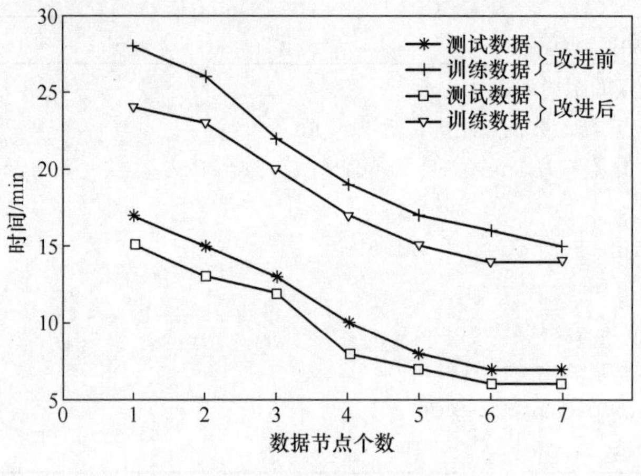

图 8.3 数据集的时间对比图

(2) 研究数据在执行分类算法的过程中,不同数据节点数目所对应的加速比情况。此部分实验是由实验(1)的实验结果分析而得出的,不同数据节点数目条件下对应的实验结果加速比理论上应该是不同的,所以通过实验来做真实的数据分析,得出具体的变化曲线,如图 8.4 所示。

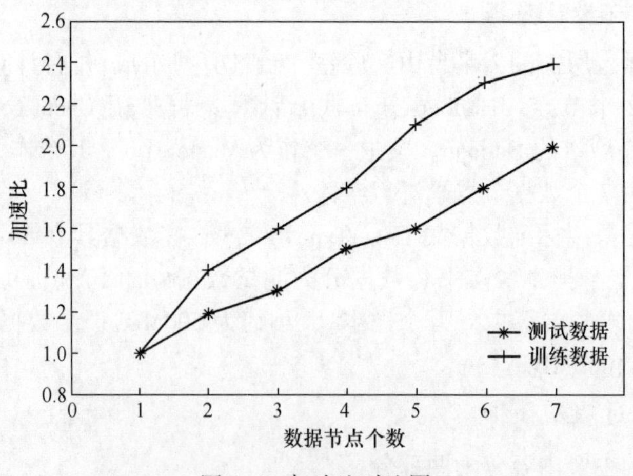

图 8.4 加速比对比图

可以看出,两组数据集分别为改进前的测试数据和训练数据以及改进后的测试数据和训练数据,每组数据在进行属性约简改进后,其运行的时间都比没有改进前明显减少,训练数据约简后执行时间平均缩短了 2.28min,测试数据的执行时间平均缩减了 1.71min,可见数据量大的训练数据时间减少得更为明显,通过对数据进行属性约简后其运行的效率明显提高,改进的 K 近邻算法在分布式平台上能够高效运行,对于单个数据集而言,随着节点数增加数据在平台上运行的时间相应减少,训练数据在 7 个数据节点条件下执行的时间是单机条件的 58.3%,测试数据仅仅为 40%。测试结果说明改进后的 K 近邻算法能满足实际并行分布式环境下大数据处理的需求。由此可以看出将算法改造后,能够很好地提高处理数据效率,进而降低大数据分类工作的复杂度。

可以看出,两组数据的实验运行加速比曲线都是成正相关的,即随着数据节点个数的增加实验运行加速比有明显提高,可以看出分布式平台在处理 K 近邻分类算法上有很好的计算能力。可以看出,当数据量不够大时,使用分布式平台执行任务没有单机环境下执行效率高,当数据规模足够大,并且每一个数据分片都在进行处理工作时,集群的效率最高,训练数据和测试数据这两组数据的加速比分别提高了 140%和 100%。实验通过对两组数据的运行加速比进行研究分析,结果表明分布式计算在集群环境下运行效率最高。

8.4 本章小结

本章在研究过程中主要实现了如下内容:对 K 近邻分类算法的研究与分析,提出了基于决策表和核属性值的两次属性约简的改造,对改造后的 K 近邻算法进行 MapReduce 并行化研究实验。通过研究过程及实验分析得出了如下结论:

(1) 实验通过对数据进行两次属性约简,大大减少了数据冗余,提高了实验的运行效率;

(2) 对改造后的算法使用 MapReduce 编程模型对算法进行实验设计,并在 Hadoop 平台上进行并行化实验分析;

(3) 实验结果表明在大数据环境下,属性约简后的数据在集群环境下执行算法提高了 K 近邻算法的加速比和可扩展性,算法效率也随着集群规模的扩大而变高。

实验证实了,通过对现有经典 K 近邻算法的改进可以大大提高其执行效率,减少工作量。在下一步的研究过程中还将对数据量进行扩大,研究对比数据量变大时算法的执行效率是否会有所影响,以及再次改良后算法的执行情况。

第九章　一种结合改进词频的卡方统计算法和融合特征选择的随机森林算法的特征选择算法研究

本书通过计算特征词在各类别的平均词频的理论值与实际值的偏差，得到了词频与类别的相关性计算公式；通过分析基于文档频率的卡方值与基于词频的偏差值对分类的影响，引入了参数来调节两者之间的权重，得到了结合文档频率与词频的卡方统计算法（TDFCHI）。利用提出的 TDFCHI 进行第一次特征选择，使特征集缩小至特征选择技术（Wrapper）类算法适合处理的范围；再利用融合特征选择的随机森林算法（RFFS）进行二次特征选择，进一步优化特征集合。最后通过分类性能对比、统计检验分析等多个实验，从不同角度来对比分析改进算法的有效性。

9.1　传统词频的卡方统计特征选择算法

对于具有如表 9.1 所列关系的特征词和类别，其中，N 表示所有类别的文档集合，A 表示属于 c 类且含有特征词 t 的文档数，B 表示不属于 c 类但含有特征词 t 的文档数，C 表示属于 c 类但不包含特征词 t 的文档数，D 表示不属于 c 类也不含特征词 t 的文档数，常用 CHI 来计算特征词 t 与类别 c 之间的相关性。

表 9.1　特征词–类别关系表

	c 类文档数	非 c 类文档数	总计
含 t 的文档数	A	B	$A+B$
不含 t 的文档数	C	D	$C+D$
总计	$A+C$	$B+D$	N

特征词 t 与文档类别 c 的相关性用式（9.1）来计算，值越大，则表明特征词 t 与类别 c 之间的相关程度越高，即特征词 t 对类别 c 的区分度越高。

$$\chi^2(t,c)=\frac{N(AD-BC)^2}{(A+B)(A+C)(B+D)(C+D)} \tag{9.1}$$

式(9.1)计算的是特征词与某一个类别之间的卡方值,对于多分类问题,可用两种方式来计算特征词的卡方值。一是先计算特征词与所有类别之间的卡方值,再累加求平均值,如式(9.2)所示;二是取特征词与所有类别卡方值中最大的作为该特征词的卡方值,如式(9.3)所示;然后对所有特征词按卡方值大小进行排序,选出较大的前 k 项作为数据集的特征属性。

$$\chi_{\text{avg}}^{2}(t)=\sum_{i=1}^{n} P(c_i)\chi^{2}(t,c_i) \tag{9.2}$$

$$\chi_{\max}^{2}(t)=\max_{1\leqslant i\leqslant n}\chi^{2}(t,c_i) \tag{9.3}$$

式中: n 表示类别数; $P(c_i)$ 表示 c_i 类文档在所有文档中的比重; $\chi^2(t,c_i)$ 表示特征词 t 与类别 c_i 的卡方值。

本书选用式(9.3)作为特征词的卡方值计算公式。

9.2 改进词频的卡方统计特征选择算法

传统词频的卡方统计算法(CHI)通过文档频率来计算特征词与类别的相关程度,然后选择相关程度较高的特征词用于文本分类。本书在传统CHI算法的基础上,考虑了特征词词频与类别的相关程度,将两者结合起来进行特征选择,使改进后的算法既考虑了文档频率对类别的影响,又兼顾了词频的作用。

9.2.1 特征词词频与类别相关性分析

对于 n 个样本 $\{x_1,x_2,\cdots,x_i,\cdots,x_n\}$,$E$ 表示所有样本的均值,公式 $\sum_{i=1}^{n}\frac{(x_i-E)^2}{E}$ 表示所有样本与均值的偏离程度,这是卡方检验用来计算特征词与类别偏离程度的差值衡量公式。通过计算的偏离程度,可以得到特征词文档频率与类别的相关性,也就是传统的卡方公式。类比文档频率与类别关系的计算方式,同样利用卡方检验的差值衡量公式来计算特征词词频与类别之间的关系,得到特征词在每个类别中的实际平均词频与理论平均词频之间的偏离程度计算公式,如式(9.4)所示。考虑到不同类别间文档数量可能存在差异,本书计算类别平均词频与类别的相关程度,而不是总词频与类别的相关程度。

$$\chi_{\text{tf}}^{2}(t,c)=\sum_{i=1}^{n}\frac{(\overline{\text{tf}_{t_i}}-\overline{\text{tf}_t})^2}{\overline{\text{tf}_t}} \tag{9.4}$$

式中: n 表示类别数; $\overline{\text{tf}_{t_i}}$ 表示特征词 t 在第 i 类文档中的平均词频; $\overline{\text{tf}_t}$ 表示特征

词 t 在所有文档中的平均词频。

$\chi^2_{\mathrm{tf}}(t,c)$ 值越大，表明特征词在每个类别中的平均词频的偏差越大，特征词在每个类别中分布越不均匀，则特征词与类别的相关程度越高，对分类的帮助越大。

9.2.2 结合文档频率与词频的卡方统计算法

通过传统的 CHI 公式来计算特征词的文档频率与类别的相关性，利用本书提出的 $\chi^2_{\mathrm{tf}}(t,c)$ 公式来计算特征词词频与类别的相关性，然后综合考虑两者来计算特征词词频与类别的相关程度。由于基于文档频率的卡方值与基于词频的 $\chi^2_{\mathrm{tf}}(t,c)$ 值具有不同的数量级，因此先对两者进行归一化处理，利用如下公式进行归一化：

$$x^* = \frac{x - \min}{\max - \min} \tag{9.5}$$

经过归一化处理得到 $\chi^2(t,c)^*$ 与 $\chi^2_{\mathrm{tf}}(t,c)^*$，通过分析基于文档频率的卡方值与基于词频的 $\chi^2_{\mathrm{tf}}(t,c)$ 值对分类的影响，根据两者的重要程度引入参数 θ 来调节两者的权重，最终结合文档频率与词频的特征词，分析其与类别相关程度计算公式：

$$\chi^2_{\mathrm{tdf}}(t,c) = \theta\chi^2(t,c)^* + (1-\theta)\chi^2_{\mathrm{tf}}(t,c)^* \tag{9.6}$$

参数 θ 的值应根据 $\chi^2(t,c)^*$ 值与 $\chi^2_{\mathrm{tf}}(t,c)^*$ 值的重要程度进行设定，下面分三种情况分析两者对分类的影响，选择一个合适的 θ 值来调节两者之间的权重。

（1）当 $\chi^2(t,c)^*$ 值明显大于 $\chi^2_{\mathrm{tf}}(t,c)^*$ 值时，表明特征词在各类别间的文档频率的偏差大于词频的偏差，因此计算特征词词频与类别的相关性时应该更多地考虑文档频率带来的影响，此时应将 θ 值设置为大于 0.5 的数。

（2）当 $\chi^2(t,c)^*$ 值明显小于 $\chi^2_{\mathrm{tf}}(t,c)^*$ 值时，表明特征词在各类别间的文档频率的偏差小于词频的偏差，因此计算特征词词频与类别的相关性时应该更多地考虑词频带来的影响，此时应将 θ 值设置为小于 0.5 的数。

（3）当 $\chi^2(t,c)^*$ 值与 $\chi^2_{\mathrm{tf}}(t,c)^*$ 值相差很小时，表明特征词在各类别间的文档频率与词频的比例相似，此时可将 θ 值设置为 0.5 左右。

综合以上三点，可将 θ 值设置为

$$\theta = \frac{\chi^2(t,c)^*}{\chi^2(t,c)^* + \chi^2_{\mathrm{tf}}(t,c)^*} \tag{9.7}$$

当 $\chi^2(t,c)^* > \chi^2_{\mathrm{tf}}(t,c)^*$ 时，$\theta > 0.5$，满足上述分析(1)；

当 $\chi^2(t,c)^* < \chi^2_{\mathrm{tf}}(t,c)^*$ 时，$\theta < 0.5$，满足上述分析(2)；

当 $\chi^2(t,c)^* = \chi^2_{\mathrm{tf}}(t,c)^*$ 时，$\theta = 0.5$，满足上述分析(3)。

综上,结合文档频率与词频的 TDFCHI 算法的最终计算公式为

$$\chi_{\mathrm{tdf}}^{2}(t,c)=\frac{\chi^{2}(t,c)^{*2}+\chi_{\mathrm{tf}}^{2}(t,c)^{*2}}{\chi^{2}(t,c)^{*}+\chi_{\mathrm{tf}}^{2}(t,c)^{*}} \tag{9.8}$$

9.3 融合特征选择的随机森林算法

随机森林(random forest,RF)是一种以分类与回归决策树(CART)作为基学习器的集成算法,它在决策树的训练过程中加入了随机选取特征属性的策略,以此区分于袋装算法(Bagging)。给定一个包含 M 个样本、n 个属性的数据集,有放回地从中随机抽取 M 个样本作为一棵决策树的训练集。在每棵决策树的训练过程中,随机从 n 个属性中选取 $n_{\mathrm{sub}}(n_{\mathrm{sub}} \leqslant n)$ 个属性作为分裂属性集,当 $n_{\mathrm{sub}}=n$ 时,随机森林算法等同于 Bagging 算法。决策树的生长过程中,不进行剪枝处理。随机森林的分类结果采用投票法决定,即对每棵决策树的分类结果进行投票,得票最多的结果作为随机森林的分类结果。

随机森林采用自提升算法(Bootstrap),进行抽样,从 M 个原始样本中抽取 M 个样本组成一个新的训练集,由于是有放回的抽样,因此新的训练集中只包含大约 63.2%的原始样本,剩余约 36.8%的样本未被抽中,这部分样本通常被称为袋外数据(out-of-bag, OOB)。

利用随机森林进行特征选择就是通过随机森林对特征重要性进行度量并排序,选取排名较高的特征作为新的特征集合。随机森林有两种度量特征重要性的方法,一种是利用平均不纯度的减少量来度量,在决策树的训练过程中,通过计算每个特征对树的不纯度的减少值来衡量一个特征的重要程度,值越大表明重要程度越高。第二种是采用袋外数据的分类准确率来度量特征的重要性,对一个特征集合 $T(t_1,t_2,\cdots,t_i,\cdots,t_n)$,当特征 t_i 的值发生变化时,分类器的准确率受特征值的影响发生改变,用改变的程度来度量该特征的重要性,特征值变化前后对分类器的准确率影响越大,表明该特征越重要。本书采用第二种方法来度量特征的重要性。特征 t_i 改变前后分别对随机森林进行训练,获取每棵决策树在 t_i 改变前后的袋外数据分类准确率,取所有树的袋外数据改变值的平均值来度量 t_i 的重要性。具体计算公式如下:

$$\mathrm{Value}(t_i)=\frac{1}{m}\sum_{j}^{m}\sqrt{(S^j-S_{t_i}^j)^2} \tag{9.9}$$

式中:m 表示随机森林中决策树的个数;S^j 表示第 j 棵树在特征 t_i 的值发生改变前的袋外数据分类准确率;$S_{t_i}^j$ 表示第 j 棵树在特征 t_i 的值发生改变后的袋外数据分类准确率。

为了充分度量特征的重要性,通过以下三种方式来改变特征 t_i 的值:

(1) 将特征 t_i 在所有样本中的值全部按比例缩放;

(2) 将特征 t_i 在所有样本中的值随机打乱;

(3) 将特征 t_i 在所有样本中的值全部置为0。

通过以上三种方式来改变特征的值,为了保证结果的稳定性,每种方式重复多次取平均值,最后取三种方式的平均值作为最终的特征重要性;值越大代表特征越重要,按重要程度进行排序,选取前 h 项作为最终的特征集。具体过程如算法1所示。

算法1:RFFS

输入:特征集 $T(t_1,t_2,\cdots,t_i,\cdots,t_n)$,文本数据集 D,训练次数 l,常数 $c(c>0$,且 $c\neq1)$

输出:优化的特征集

1. 利用数据集 D 多次训练 RF 得到 S^j;//S^j 表示第 j 棵树在 t_i 值改变前的平均OOB准确率

2. for each t_i in T

3. for (k=1;k<4;k++)

4. $k=1, t_i'=t_i*c$;//将 t_i 的值缩放 c 倍

5. $k=2, t_i'=random.shuffle(t_i)$;//将 t_i 的值随机打乱

6. $k=3, t_i'=t_i*0$; //将 t_i 的值置为0

7. for (p=1;p<l+1;p++)

8. 训练 RF 得到 S_{kl}^j;//S_{kl}^j表示第 k 种方式,l 次的 OOB 准确率

9. end for

10. end for

11. $S_1^j=\frac{1}{l}\sum_l S_{11}^j, S_2^j=\frac{1}{l}\sum_l S_{21}^j, S_3^j=\frac{1}{l}\sum_l S_{31}^j$ //每种方式训练多次的平均 OOB 准确率

12. $S_{t_i}^j=(S_1^j+S_2^j+S_3^j)/3$; //三种方式的平均

13. OOB 准确率

14. 计算 Value(t_i)

15. end for

16. 选择前 h 项作为新的特征集合

9.4 分类模型构建

9.4.1 数据预处理

首先进行文本分词处理,过滤掉其中的符号、停用词等噪声数据,得到包含大量冗余特征的特征集;然后利用 TDFCHI 算法进行第一次特征选择;再利用

RFFS 算法进行第二次特征选择,将选取的特征作为分类器的特征属性集。

9.4.2 文本向量化

利用向量空间模型(VSM)对文档集 $\{d_1, d_2, \cdots, d_i, \cdots, d_n\}$ 做向量化处理。用特征词的权重 $\{w_{t_{i1}}, w_{t_{i2}}, \cdots, w_{t_{ij}}, \cdots, w_{t_{ik}}\}$ 来表示每篇文档,通过 TFIDF 公式(9.10)来计算每个特征词的权重。

$$w_{t_{ij}} = \frac{\mathrm{tf}_{ij}}{\sum_k \mathrm{tf}_{kj}} \times \log \frac{n}{n_j} \tag{9.10}$$

式中:$w_{t_{ij}}$ 表示第 j 个特征词在文档 d_i 中的权重;tf_{ij} 表示该特征词在文档 d_i 中的词频;$\sum_k \mathrm{tf}_{kj}$ 表示文档 d_i 中所有特征词的总词频;n 表示所有文档数量;n_j 表示含第 j 个特征词的文档数量。

通过文本向量化将文档数据表示成向量的形式,便于分类器对数据进行训练测试。

9.4.3 分类器训练测试

分类器训练是文本分类中最重要的环节,特征选择算法的优劣需要通过分类器训练测试来比较。本书选用逻辑回归(logistic regression, LR), K 近邻(k-nearest neighbor, KNN),朴素贝叶斯(naive bayes, NB),决策树(decision tree, DT),随机森林(random forest, RF),支持向量机(support vector machine, SVM),多层感知机(multilayer perceptron, MLP)来进行实验。通过对比算法改进前后在多个分类器中的表现,来说明改进算法的优势与不足。主要分类流程如图 9.1 所示。

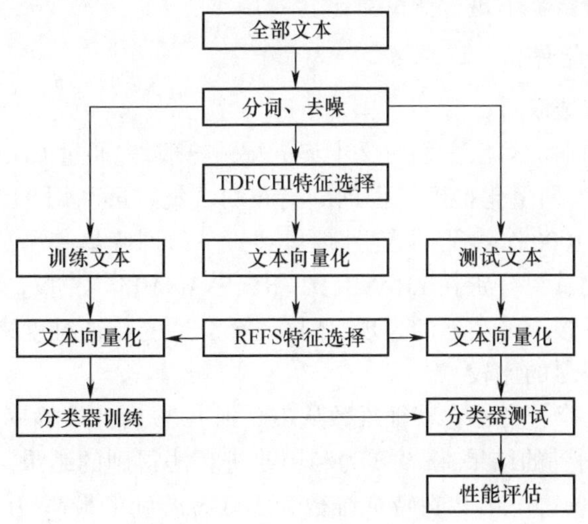

图 9.1　文本分类流程图

使用 TDFCHI 算法选择一个相对较大规模的特征集，然后利用 RFFS 算法从所选特征集合里选取更加重要的特征词组成最终特征集。并选取不同分类器，通过以上流程构建多个分类模型，通过对比不同算法得到的分类模型的效果来评估改进算法的性能。

9.5 实验与结果分析

9.5.1 实验数据

为了验证改进算法的效果，在 Ubuntu Kylin 16.04 系统上进行实验，实验程序为 Python2.7 所编写；实验使用博客园新闻中心数据集，从原数据集中取 history、culture、reading、military、society&law、entertainment 六大类，每类 1000 篇新闻文本数据进行实验，其中训练集和测试集按 4∶1 的比例分配。

9.5.2 数据预处理

首先利用分词工具对文本进行分词，然后对分词结果进行非汉字、单字词过滤，去停用词处理；再利用传统 CHI 算法和 TDFCHI 算法分别对处理后的特征进行卡方值计算，按卡方值大小对特征词进行排序、选择；根据所选的特征词对数据进行文本向量化处理；通过传统 CHI 得到一份训练集和测试集，通过 TDFCHI 得到另一份数据集。利用 RFFS 算法对 TDFCHI 得到数据集进行处理，度量 TDFCHI 所选特征的重要性，得到一个更加优化的特征集合，对特征集合再次进行文本向量化处理，得到改进算法的训练集和测试集。最后将两份训练集和测试集分别在多个分类器下进行测试对比。

9.5.3 分类性能评估

1. 特征维度选取

利用改进前后的算法分别对文本集进行预处理，先通过 CHI 算法选择 1000 个特征词，经文本向量化得到一份训练集和测试集。再利用 TDFCHI 算法结合 RFFS 算法选取 1000 个特征词，经处理得到另一份训练集和测试集。将得到的两份训练集和测试集分别在 LR、NB、DT、RF、SVM、MLP 上进行实验对比。通过比较不同维度下多个分类器的表现，选择一个合适的特征维度来对改进前后的算法进行更加详尽的比较。

图 9.3 为六个分类器在特征维数从 100 到 1000 时的准确率，图 9.2 为利用传统 CHI 算法得到的结果，图 9.3 为利用改进算法得到的结果。从图 9.2 中可以看出，LR、NB、SVM、MLP 在特征维数为 300 时准确率最高，DT 和 RF 在特征维数为 300 时准确率接近最高，表明利用传统 CHI 算法选取特征数量达到 300

左右时才能使多数分类器性能达到最佳;从图 9.3 中可以看出,除 NB、RF 外其他分类器在特征维数为 200 时表现最好,特征维数为 300 时,NB、RF 的准确率也达到最高值,表明利用改进算法选取特征数量为 200 左右时就能使多数分类器达到最好的分类效果。以上对比说明改进算法具有更好的降维效果,利用改进算法只需较少的特征就能使分类器达到较佳的效果。通过以上分析表明特征维度为 300 时两种算法所选的特征足以使分类器性能达到最佳,因此取特征维度为 300 进行后续实验。

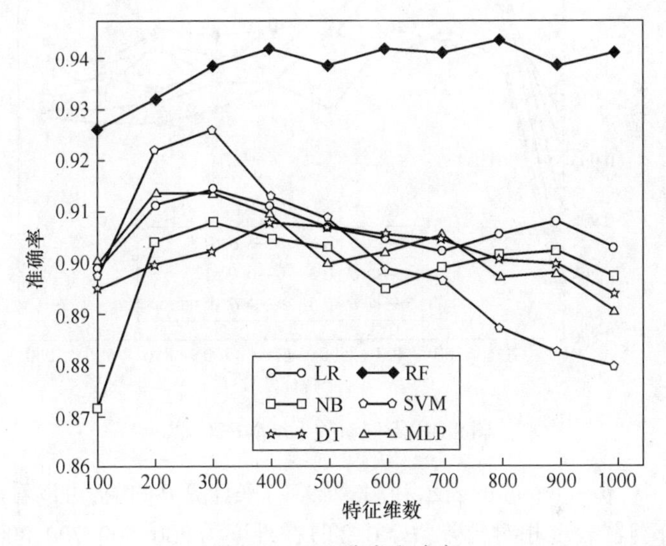

图 9.2　CHI 分类准确率

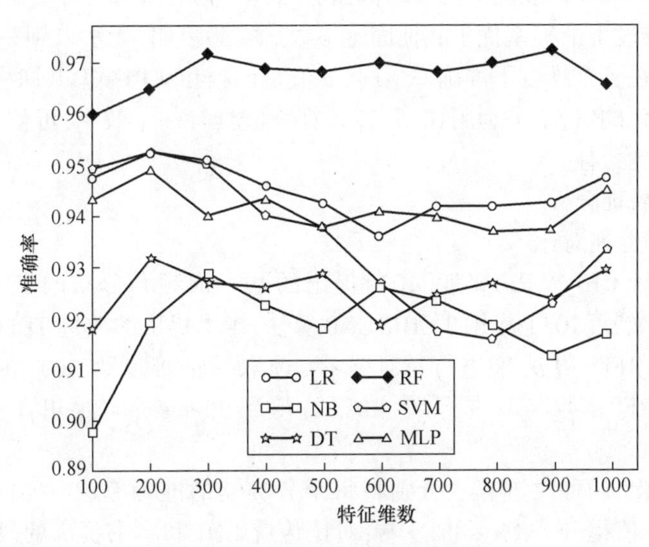

图 9.3　不同维度下分类准确率

2. 参数敏感性分析

为了考察不同参数下 TDFCHI 算法的效果，取参数 θ 为 0、0.2、0.5、0.8、1 以及式(9.7)的值来进行实验对比，利用 NB 分类器进行分类，得到不同维度下分类准确率如图 9.4 所示。

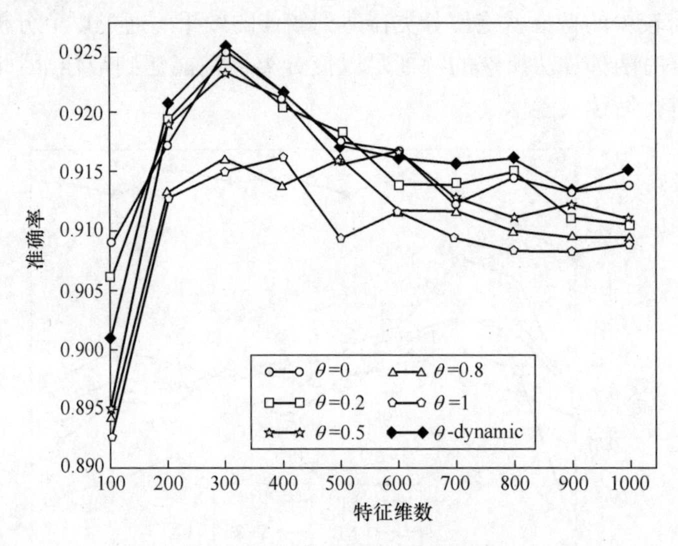

图 9.4　不同参数下准确率对比

图 9.4 中，θ - dynamic 表示利用式(9.7)来计算 θ 的值，可以看出，$\theta = 1$ 及 $\theta = 0.8$ 时分类器表现相对较差，$\theta = 0.2$ 时在维度为 200、500、700、800 时比 $\theta = 0$ 时表现好，$\theta = 0.5$ 时准确率时高时低，利用式(9.7)计算 θ 时分类器整体表现最好，在多个维度下准确率优于其他固定参数。实验表明：无法取到一个固定的 θ 值使分类器在各个维度下准确率最高，θ 值是词频和文档频率共同决定的结果，是个动态变化的值，本书利用式(9.7)计算 θ 值具有一定效果，可使分类器在多个维度下达到最佳。

3. 算法性能分析

1）分类性能对比

利用传统 CHI 算法、文献[103]提出的基于词频和分布的卡方统计算法(TFDCHI)、文献[103]提出的 CHI&CNB 算法、本书提出的改进 TDFCHI 算法以及 TDFCHI&RFFS 算法来进行特征选择，选取特征维度为 300，在 KNN、NB、SVM、MLP、RF 分类器下进行训练测试，得到 Precision、Recall、F1 值对比如表 9.2 所列。

可以看出，四种改进算法分别将每个分类器的准确率(Precision)、召回率(Recall)、F1 值提升了 1%~4%左右；对比传统 CHI 和本书提出的改进 TDFCHI

算法可以看出,TDFCHI 算法将多个分类器的各指标值提高了 1%~3%,说明 TDFCHI 算法能够有效地选取传统 CHI 算法忽略的一些重要特征词,弥补了传统 CHI 算法忽略特征词词频导致一些特征词被漏选的问题。对比 TDFCHI 和 TDFCHI&RFFS 可以看出,TDFCHI&RFFS 进一步提升了分类器的各项指标值,表明结合 Filter 类和 Wrapper 类的特征选择效果较单一的 Filter 类算法效果更好。对比 TFDCHI、CHI&CNB 和 TDFCHI&RFFS 算法的各项分类指标值,表明本书提出的算法具有更好的特征选择效果。

表 9.2　准确率、召回率、F1 对比

分类器		KNN	NB	SVM	MLP	RF
CHI	准确率	0.837	0.913	0.930	0.915	0.947
	召回率	0.812	0.909	0.930	0.915	0.946
	F1	0.819	0.909	0.930	0.919	0.946
TFDCHI	准确率	0.852	0.920	0.945	0.927	0.959
	召回率	0.829	0.916	0.945	0.925	0.958
	F1	0.834	0.916	0.945	0.926	0.958
CHI&CNB	准确率	0.860	0.929	0.944	0.934	0.960
	召回率	0.848	0.925	0.944	0.932	0.959
	F1	0.852	0.924	0.944	0.934	0.959
TDFCHI	准确率	0.863	0.915	0.948	0.934	0.957
	召回率	0.834	0.919	0.947	0.933	0.957
	F1	0.842	0.915	0.947	0.933	0.957
TDFCHI&RFFS	准确率	0.874	0.934	0.951	0.942	0.968
	召回率	0.857	0.929	0.951	0.941	0.967
	F1	0.862	0.928	0.951	0.941	0.967

2）统计检验分析

利用 Friedman 检验[127]方法分析五个特征选择算法之间是否存在显著性差异。用 r_i^j 表示第 j 个算法在第 i 个分类器上的 F1 值排序(表 9.3 括号中的数字)。$R_j = \frac{1}{N}\sum_i r_i^j$ 表示 k 个算法在 N 个分类器上的平均排序。假设 k 个算法的性能相同,则这些算法的 R_j 值也应该相同。Friedman 检验方法利用自由度为 $k-1$ 的 χ^2 分布,其检验统计量用式(9.11)计算。

$$\chi_F^2 = \frac{12N}{k(k+1)}\left[\sum_j R_j^2 - \frac{k(k+1)^2}{4}\right] \tag{9.11}$$

这里给出假设检验条件，H_0 为五种算法无显著性差异，H_1 为五种算法存在显著性差异，如果χ_F^2 的值小于相应的临界值，则认为原假设成立，即各算法之间不存在显著性差异（H_0 为真），否则拒绝原假设，即认为各算法之间存在显著差异（接受备选假设 H_1）。表 9.3 为五个特征选择算法在五个分类器上按 F1 值排序值，利用式（9.11）计算检验统计量得：$\chi_F^2 = \frac{12\cdot 5}{5\cdot 6}\left[(5^2+3.4^2+2.4^2+3.2^2+1^2)-\frac{5\cdot 6^2}{4}\right]=14.48$，因为$\chi_F^2$ 是服从自由度为 $k-1=5-1=4$ 和 $(k-1)(N-1)=(5-1)(5-1)=16$ 的 F 分布，则在置信水平 $\alpha=0.05$ 下，F(4,16)的临界值为 3.007。$3.007 < 14.48$，原假设被拒绝，即五个特征选择算法之间存在显著性差异接受备选假设 H_1。

表 9.3　五个特征选择算法的 F1 值排序

	CHI	TFDCHI	CHI&CNB	TDFCHI	TDFCHI&RFFS
KNN	0.819(5)	0.834(4)	0.852(2)	0.842(3)	0.862(1)
NB	0.909(5)	0.916(3)	0.924(2)	0.915(4)	0.928(1)
SVM	0.930(5)	0.945(3)	0.944(4)	0.947(2)	0.951(1)
MLP	0.919(5)	0.926(4)	0.934(2)	0.933(3)	0.943(1)
RF	0.946(5)	0.958(3)	0.959(2)	0.957(4)	0.967(1)
平均排序	5	3.4	2.4	3.2	1

再利用 Holm 检验[128]方法来分析 TDFCHI&RFFS 算法与其他四个算法之间的差异程度。其检验统计量用式(9.12)计算。

$$z = (R_i - R_j) / \sqrt{\frac{k(k+1)}{6N}} \tag{9.12}$$

式中：z 表示第 i 个算法和第 j 个算法之间的统计性差异。

利用 z 值查询标准正态分布表得到概率值 p。然后比较 p 与相对应的显著性水平 α，在 Holm 检验中，α 被调整为 $\alpha/(k-i)$。如果 $\alpha/(k-i)$ 的值大于对应的 p 值，则拒绝原假设，即两个算法之间存在显著性差异。表 9.4 为按照 Holm 检验方法计算的 TDFCHI&RFFS 算法与其他四种算法之间的按 p 值排序的对比假设，其中 $z=(R_i-R_j)/\sqrt{\frac{k(k+1)}{6N}}=(R_i-1)/1$。可以看出 CHI、TFDCHI 和 TDFCHI 算法的 p 值小于对应的 α 值，表明 TDFCHI&RFFS 算法明显优于

CHI、TFDCHI 和 TDFCHI 算法，而 CHI&CNB 算法的 p 值大于对应的 α 值，说明 CHI&CNB 算法与 TDFCHI&RFFS 算法的性能相差不大。通过两个检验方法检验表明，本书提出的结合改进 CHI 和 RFFS 的特征选择算法具有一定的有效性。

表 9.4　TDFCHI&RFFS 算法与其他 4 种算法之间按照 p 值排序的对比假设

序号	算法	$z=(R_i-1)/1$	p-value	$z=(R_i-1)/1$
1	CHI	(5-1)/1=4	0.00003	0.0125
2	TFDCHI	(3.4-1)/1=2.4	0.0082	0.0167
3	TDFCHI	(3.2-1)/1=2.2	0.0139	0.025
4	CHI&CNB	(2.4-1)/1=1.4	0.0808	0.05

4. 分类效果对比

通过 KNN 和 RF 分类器的混淆矩阵来更加直观地比较 CHI 算法和改进算法 TDFCHI&RFFS 在不同类别中的效果。

对比图 9.5、图 9.6 可以看出，改进算法明显减少了从其他类误分到 entertainment 类的文本数量，误分类数量从 78 减少到 27，将 society&law 类误分到 history 类的文本数量从 35 减少到 21；各类别的召回数量也有明显提升，history 类召回数量增加了 20，military、society&law 类召回数量增加了 21。对比图 9.7、图 9.8 可以看出，改进算法主要提升了 entertainment 类与其他类之间的区分效果，从其他类误分到 entertainment 类的文本数量从 14 减少到 0，从 entertainment

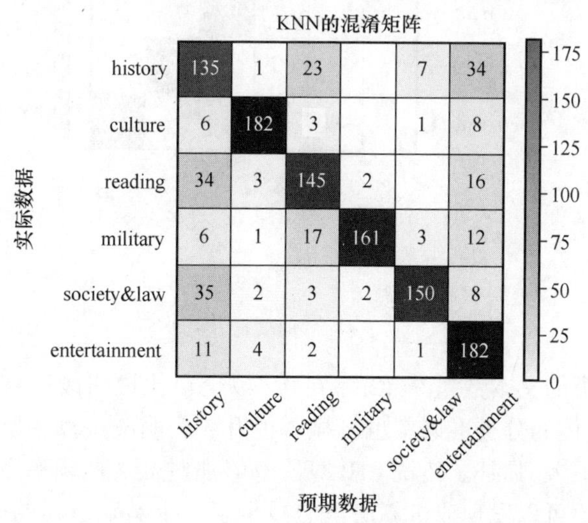

图 9.5　CHI 特征选择，KNN 分类

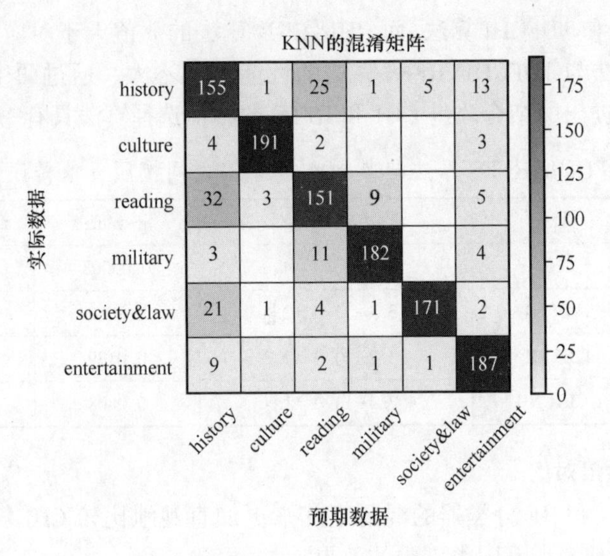

图 9.6 TDFCHI&RFFS 特征选择,KNN 分类

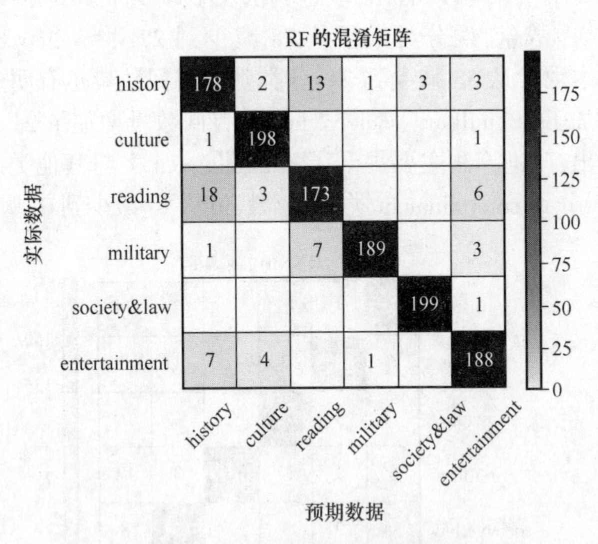

图 9.7 CHI 特征选择,RF 分类

类误分到其他类的文本数量从 12 降到 0。以上对比说明改进算法提升了分类器的召回率,整体的分类准确率也有显著提升。表明改进算法所选的特征词对分类器的帮助更大,弥补了传统 CHI 算法忽略那些低文档频率高词频特征词的不足。通过对比可以发现改进算法虽然减少了多个类别之间的误分类数量,但是分类错误率较高的 history 类和 reading 类之间的误分类情况并没有显著改善,

这主要是由于改进算法是从所有文本中进行特征选择的，缺乏对具体类别的考虑。

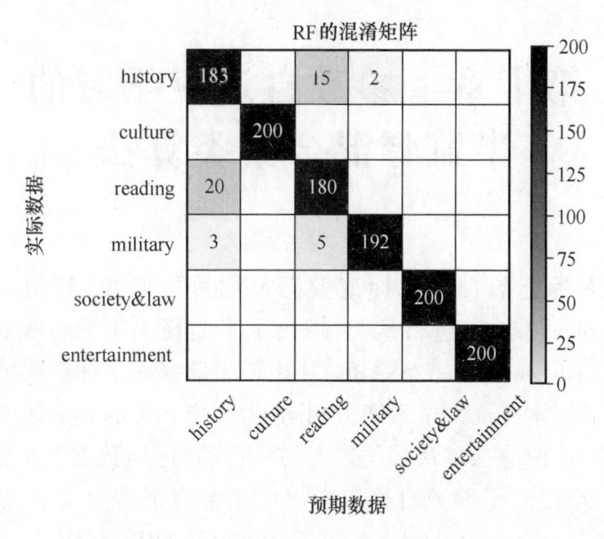

图 9.8　TDFCHI&RFFS 特征选择，KNN 分类

9.6　本 章 小 结

本章提出一种结合改进 CHI 和 RFFS 的特征选择算法，利用改进 CHI 算法计算特征词的文档频率及词频与类别的相关性，按相关性大小进行第一次特征选择，去除大量冗余特征；然后利用 RFFS 算法进行二次特征选择，获得更优化的特征属性。通过在多个分类器下的文本分类实验表明，改进算法较传统 CHI 算法具有更好的特征降维效果，能使分类器达到更高的准确率；对比多种算法的分类性能可以看出，在同一维度下，改进算法的各项指标值要优于传统 CHI 算法；对比算法在具体类别中的效果表明，改进算法提升了多个类别的召回率，总体分类效果优于传统 CHI 算法。虽然改进算法在一定程度上提升了分类器的准确率，但仍有待提高，如改进特征选择算法后 KNN 分类器的准确率依然不高。改进 CHI 算法在计算特征词与类别相关性时虽然考虑了文档频率和词频频率，但这些都只是单个特征词与类别的相关性，缺乏对特征词之间相关性的考虑，以及多个特征词共同作用对分类的影响，如果能充分考虑这些因素，算法的性能将会得到进一步的提升。下一阶段的改进重点是分析多个特征词同时出现对分类的影响；并通过分析算法在具体类别中的表现，来调节特征词的权重，以期提升算法在各个类别中的分类作用，最终使算法的总体分类效果进一步提升。

第十章　参数自适应学习的半监督混合聚类算法

本书融合有标记数据和无标记数据重构目标函数，利用人工蜂群算法(artificial bee colony，ABC)进行聚类，提出了半监督人工蜂群聚类算法(semi-supervised artificial bee colony，SSABC)。由于半监督人工蜂群聚类算法聚类时，不同时间段全局搜索和局部搜索能力相同，为加快算法的收敛速度，本书在聚类过程中，结合K-均值算法加快聚类速度，并将代表标记数据权重的参数 α 优化与聚类过程结合，提出了参数自适应学习的半监督混合聚类算法(adaptive parameter learning semi-supervised hybrid clustering，APL-SSHC)，有较好的聚类效果。

10.1　人工蜂群的聚类

人工蜂群算法通过模拟蜜蜂的觅食行为来优化聚类中心[129]，采用适应度值度量食物源质量，食物源的质量代表问题解的质量，其对应关系如表10.1所列。

表10.1　聚类算法与人工蜂群算法的对应关系

蜂群算法	聚类问题
食物源位置	可行解(聚类中心)
食物源适应度	聚类中心的优劣
寻找食物源的速度	聚类算法的收敛速度

本书使用浮动点矩阵来编码类族中心(如图10.1所示)，每个食物源编码为一个二维矩阵 $\boldsymbol{M}_{k\times d}$，$k$ 表示聚类个数，d 代表聚类样本数据的属性维度。矩阵中每个元素为 $m_{ij}(i=1,2,\cdots,k;j=1,2,\cdots,d)$，每一行 d 个蜂房对应一个一维向量 m_i，它表示第 i 个类族的中心，故矩阵中这 k 个一维向量对应着 k 个类族中心。在人工蜂群算法聚类时，每个食物源代表一个聚类结果，包含 k 个类中心

点向量,食物源的适应度值代表了聚类结果的质量。

m_1	m_{11}	m_{12}	m_{13}	m_{14}	类族1 中心
m_2	m_{21}	m_{22}	m_{23}	m_{24}	类族2 中心
m_3	m_{31}	m_{32}	m_{33}	m_{34}	类族3 中心

图 10.1　食物源编码案例

根据上述食物源编码方式生成 SN 个初始食物源,每个食物源表示为一个二维矩阵 $\boldsymbol{M}_{k\times d}$,即 $\{\boldsymbol{M}_1,\boldsymbol{M}_2,\cdots,\boldsymbol{M}_{\mathrm{SN}}\}$ 。元素 m_{ij} 通过式(10.1)计算,其中 $v^j_{\max}, v^j_{\min}$ 分别代表食物源在 j 维取值的最大值和最小值。食物源 $\mathrm{food}_r = \boldsymbol{M}_r$,食物源 food_r 中的元素表示为 food_r ,目标函数如式(10.2)。

$$m_{i,j} = v^j_{\min} + \mathrm{rand}(0,1) \times (v^j_{\max} - v^j_{\min}) \tag{10.1}$$

$$\begin{aligned} f(\mathrm{food}_r) &= \frac{1}{n}\sum_{j=1}^{k}\sum_{\forall z_l \in m_j^r} d(z_l, m_j^r) \\ &= \frac{1}{n}\sum_{t=1}^{n}\min\{d(x_t,m_1^r), d(x_t,m_2^r),\cdots,d(x_t,m_k^r)\} \end{aligned} \tag{10.2}$$

10.2　半监督人工蜂群聚类算法

半监督聚类通过融合少量的监督信息指导聚类过程,以提高聚类性能[130]。定义样例集合 $S = \mathrm{LS} \cup \mathrm{ULS}$,其中 $\mathrm{LS} = \{(x_1,y_1),(x_2,y_2),\cdots,(x_L,y_L)\}$ 是已标注样本集; $\mathrm{ULS} = \{x'_1, x'_2, \cdots, x'_{\mathrm{UL}}\}$ 为未标记样本集。半监督聚类是将 S 划分为 k 个类别,类内的样例距离尽可能小(或类别内的样例满足某些约束条件),而类别间的样例距离则尽可能大。

10.2.1　算法框架

半监督人工蜂群聚类算法基于 $S = \mathrm{LS} \cup \mathrm{ULS}$,利用人工蜂群算法进行聚类,其核心是如何在聚类过程中利用有标记数据和无标记数据分析聚类过程及算法启发式因子,本书分别针对有标记数据和无标记数据计算相关距离,并设置相应的权重,根据权重参数重构了目标函数,算法的框架如图 10.2 所示。

10.2.2　改进的目标函数

半监督人工蜂群聚类算法的核心是通过重构目标函数找到合理的聚类中心点。人工蜂群算法聚类时,目标函数如式(10.2)所示,该目标函数仅利用了所有的无标记样例。仅考虑无标记数据样例的聚类效果有一定的局限性,准确率

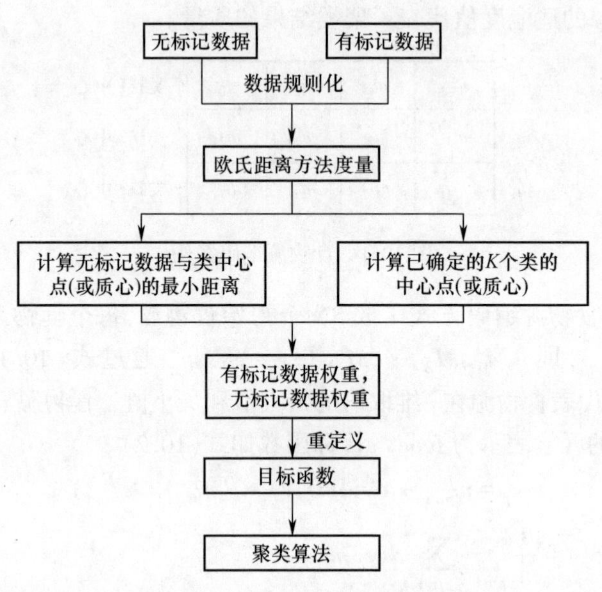

图 10.2　SSABC 算法框架

较低。并且在实际应用中,存在部分有标记数据,这些标记数据包含很多指导聚类的有价值信息,所以本节将有标记数据引入到目标函数中,来指导或约束聚类过程,SSABC 聚类算法重新定义目标函数为式(10.3)。

$$f(\text{food}_r) = \alpha \times \left(\frac{1}{L}\sum_{j=1}^{k}\sum_{\forall x_l \in m_j^r} d(x_l, m_j^r)\right) + (1-\alpha) \times \left(\frac{1}{UL}\sum_{t=1}^{UL}\min\{d(x_t, m_1^r), d(x_t, m_2^r), \cdots, d(x_t, m_k^r)\}\right) \tag{10.3}$$

参数 $\alpha(\alpha \in [0,1])$ 是有标记数据在聚类时所占的权重值,代表聚类算法对有标记数据样例的注重程度。当 $\alpha = 1$ 时,半监督人工蜂群聚类算法仅基于有标记数据进行计算,确定每个类别的质心。$\alpha = 0$ 时,半监督人工蜂群聚类算法仅基于无标记数据进行聚类,此时半监督人工蜂群聚类算法变为人工蜂群聚类算法。

其中,$f(\text{food}_r)$ 表示食物源 food_r 的目标函数值, food_r 中 k 个类中心点为 $\{m_1^r, m_2^r, \cdots, m_j^r, \cdots, m_k^r\}$,针对有标记样本 $\{x_1, x_2, \cdots x_l, \cdots, x_L\}$,$x_l$ 为属于类中心点 m_j^r 所代表类的所有样例, x_l 到类中心点 m_j^r 距离通过欧氏距离方法计算。针对无标记样本数据 $\{x_1, x_2, \cdots x_t, \cdots, x_{\text{UL}}\}$,在确定样本 x_t 所属类时,分别计算 x_t 与 k 个不同类中心点的距离,取距离的最小值即 $\min\{d(x_t, m_1^r), d(x_t, m_2^r),$

$\cdots,d(x_t,m_k^r)\}$,并将 x_t 归为最小距离对应的类中。

$\frac{1}{L}\sum_{j=1}^{k}\sum_{\forall x_l\in m_j^i} d(x_l,m_j^i)$ 是有标记数据对聚类的指导划分约束,这 L 个数据样例的类别已知,k 个类中心点是未知待优化的,每一次迭代优化,该值越小,越能够表示类中心点 $\{m_1^r,m_2^r,\cdots,m_j^r,\cdots,m_k^r\}$ 能表征这 L 个有标记数据样本的实际聚类模型,所以通过对 k 个不同类中心点的不断优化,可以确定有标记数据的聚类模型。$\frac{1}{\mathrm{UL}}\sum_{t=1}^{\mathrm{UL}}\min\{d(x_t,m_1^r),d(x_t,m_2^r),\cdots,d(x_t,m_k^r)\}$ 是对无标记数据的处理,与人工蜂群算法中的目标函数一致。因为这 UL 个数据样例的类别是未知的,故通过每次迭代更新类中心点最终可以确定无标记数据的聚类模型。结合这两部分,重构的目标函数可以指导算法的聚类过程,以改善聚类效果。

$$\mathrm{fit}(\mathrm{food}_r)=\frac{1}{1+f(\mathrm{food}_r)} \tag{10.4}$$

在计算适应度函数时,算法根据目标函数进行计算,则改进的食物源(聚类中心族)的适应度值按照式(10.4)计算。$f(\mathrm{food}_r)$ 值越小,食物源的适应度值就越大,最终找到适应度值最大的食物源,即最优食物源对应的 k 个类中心点向量。

10.2.3 聚类算法优化

为提高参数自适应学习的半监督混合聚类算法的聚类效率,在基于半监督人工蜂群算法的基础上,本书将 K-均值算法与之融合,由半监督人工蜂群算法产生初始聚类中心族并进行优化,之后调用 K-均值算法对已优化的聚类中心族进行一次迭代优化,融合成 SSABC-K 算法,其具体操作如伪代码所示。在算法中,半监督人工蜂群算法用于寻找全局最优解,保证各数据聚类中心的有效性和合理性,避免均值算法陷入局部最优解中。

首先使用 K-均值算法对 SN 个食物源代表的不同聚类中心族进行优化,针对聚类中心族 food_r ,其对应的 k 个类中心点为 $(m_1^r,m_2^r,\cdots,m_j^r,\cdots,m_k^r)$,将 $(m_1^r,m_2^r,\cdots,m_j^r,\cdots,m_k^r)$ 作为 K-均值算法中的初始化类中心点,基于数据样本和聚类目标函数不断迭代优化,得到优化聚类结果 $(nm_1^r,nm_2^r,\cdots,nm_j^r,\cdots,nm_k^r)$,用 $(nm_1^r,nm_2^r,\cdots,nm_j^r,\cdots,nm_k^r)$ 替换 food_r 中原来对应的 k 个类中心点。以此类推,分别针对 SN 个聚类中心族进行一次聚类优化,此过程加快了算法往最优的聚类中心族位置靠近的速度,加快找到最优的聚类结果。

在 SSABC-K 中,LS 表示有标签数据,ULS 为无标签数据,ULS'代表聚类后的标签,Limit 为最大搜索次数,MCN 是最大迭代次数,k 代表聚类的个数, $C(\alpha)$

表示最优聚类结果，$C(\alpha)$ 表示聚类结果的质量。

算法 1：SSABC-K

输入：SN, Limit, MCN, LS, ULS, k, α

输出：$C(\alpha)$, fit($C(\alpha)$) 利用数据集 D 多次训练 RF 得到 S^j；// S^j 表示第 j 棵树在 t_i 值改变前的平均 OOB 准确率

1. Count = 1;
2. Init{$\text{food}_i \mid i=1,2,\cdots,\text{SN}$}; // food_i 是 $k\times d$ 二维矩阵
3. {fit(food_i) | $i=1,2,\cdots,\text{SN}$}
4. Repeat
5. for $i=1$ to SN
6. fit(food'_i);
7. if fit(food'_i) > fit(food_i)
8. $\text{food}_i = \text{food}'_i$
9. p = {pro(food_i) | $i=1,2,\cdots,\text{SN}$}; // 计算选择概率
10. for $i=1$ to SN
11. r = rand(0,1);
12. if pro(food_i) > r
13. if fit(food'_i) > fit(food_i)
14. $\text{food}_i = \text{food}'_i$
15. for $i=1$ to SN
16. K-means(food_i); // 以 food_i 为初始 k 个类中心点，进行 K-均值迭代优化；
17. {fit(food_i) | $i=1,2,\cdots,\text{SN}$};
18. for $i=1$ to SN
19. if fit(food_i) 连续优化 Limit 次不变
20. food = food_i
21. fit(food_i)
22. 记录当前最优聚类结果 $C(\alpha)$ 及其质量 fit($C(\alpha)$)
23. Count++;
24. Until Count = MCN
25. 输出 $C(\alpha)$, fit($C(\alpha)$)

10.2.4 参数自适应学习的半监督混合聚类算法

为加快聚类算法的聚类效率，本书将 K-均值算法用于 SSABC 聚类过程中的进一步优化，结合参数自适应学习机制，提出了参数自适应学习的半监督混合

聚类算法(APL-SSHC),算法中,LS 表示有标签数据,ULS 为无标签数据 ULS'代表聚类后的标签,Limit 为最大搜索次数,MCN 是最大迭代次数,k 代表聚类的个数, $C(\alpha)$ 表示最优聚类结果, $\mathrm{fit}(C(\alpha))$ 表示聚类结果的质量。

算法 2:APL-SSHC

输入:SN, Limit, MCN,LS,ULS,k

输出:$C(\alpha)$,α,$\mathrm{fit}(C(\alpha))$,ULS'

1.Count=1;

2.Init$\{\alpha_i \mid i=1,2,\cdots,\mathrm{SN}\}$,$\alpha \in [0,1]$;

3.list$\{<\alpha, C(\alpha), \mathrm{fit}(C(\alpha))>\}=\varnothing$; //$C(\alpha)$为 α 取值下最优聚类结果,$\mathrm{fit}(C(\alpha))$为 $C(\alpha)$的质量

4.for i=1 to SN

5.SSABC-K(SN, Limit, MCN, LS, ULS, k,α_i);

6.list.add($<\alpha_i, C(\alpha_i), \mathrm{fit}(C(\alpha_i))>$);

7.$\mathrm{fit}(\alpha_i)=\mathrm{fit}(C(\alpha_i))$

8.Repeat

9.For i=1 to SN

10.$v_i=\alpha_i+\phi\times(\alpha_i-\alpha_j)$; //$\phi$ 为[-1,1]的随机数,α_j 是随机另选的一个食物源

11.SSABC-K(SN, Limit, MCN, LS, ULS, k,v_i);

12.$\mathrm{fit}(v_i)=\mathrm{fit}(C(v_i))$;

13.if $\mathrm{fit}(v_i)>\mathrm{fit}(\alpha_i)$

14.$\alpha_i=v_i$;

15.$p=\{pro(\alpha_i) \mid i=1,2,\cdots,SN\}$; //计算选择概率;

16.for i=1 to SN

17.r=rand(0,1);

18.if $\mathrm{pro}(\alpha_i)>r$

19.$v_i=\alpha_i+\phi\times(\alpha_i-\alpha_j)$;

20.SSABC-K(SN, Limit, MCN, LS, ULS, k,v_i);

21.$\mathrm{fit}(v_i)=\mathrm{fit}(C(v_i))$

22.if $\mathrm{fit}(v_i)>\mathrm{fit}(\alpha_i)$

23.$\alpha_i=v_i$;

24.for i=1 to SN

25.if $\mathrm{fit}(\alpha_i)$连续优化 Limit 次不变

26.$\alpha=\alpha_i$

27.$\mathrm{fit}(\alpha_i)$

```
28.记录α,C(α),fit(C(α)); //记录目前全局最优的α值,对应的最优聚类结果C(α)和其质量fit(C(α))
29.Count++;
30.Until Count=MCN
31.ULS'; //依据C(α)将ULS中样本标记上其所属类别
32.Outputα,C(α),fit(C(α)), S'(S'=LS∪ULS').
```

10.3 实验结果与分析

10.3.1 实验准备工作

1. 实验数据

为了验证本书所提的半监督人工蜂群聚类算法和参数自适应学习的半监督混合聚类算法的聚类效果,采用UCI数据集来评测聚类算法准确性。

本书从UCI数据库中选择了2个数据集作为实验数据集,详细信息如表10.2所列。数据集中,每一条数据实例都有用于分类的类别标签。在本书聚类实验中,将部分分类标签从原始数据集中移除,将其作为聚类效果的评价参考信息。

表10.2 UCI数据集信息

数据集	数据	特征	种类
Glass	214	9	7
Iris	150	4	3

2. 实验环境以及度量标准

本书算法实验环境为Windows 7操作系统,Intel core i7处理器和4GB内存,采用Java语言在Myeclipse平台下进行实验测试。

在评估半监督聚类算法的性能时,采用F-Score方法[131],定义如下:假设SC_r是标准答案中的一个类,其包括n_r个样本个体,C_q是聚类算法产生的一个类,其包含n_q个样本个体,类C_q中有n_r^q个样本属于标准答案中的类SC_r,F-Score可以通过下面定义计算。

$$F(SC_r,C_q)=\frac{2\times P(SC_r,C_q)\times R(SC_r,C_q)}{P(SC_r,C_q)+R(SC_r,C_q)} \tag{10.4}$$

针对类SC_r,$\text{F-Score}(SC_r)=\max\{F(SC_r,C_q)\mid C_q\subset C\}$这里$C$为聚类算法的聚类结果,$C_q$为聚类结果中的一个类。则聚类算法的整体F-Score值表示为$\text{F-Score}=\sum_{r=1}^{k}\frac{n_r}{n}\text{F-Score}(SC_r)$,其中,$k$为总聚类个数,$n_r$为类$SC_r$的样本

数目，n 是总样本数目。

10.3.2 算法验证

针对两个数据集，根据 10.2.5 节的参数自适应学习的半监督混合聚类算法的聚类步骤迭代可得最优聚类结果，不同迭代次数下，APL-SSHC 聚类算法的聚类结果，如表 10.3 所列。随着迭代次数的变化，最优目标函数的演化趋势如图 10.3 所示。

表 10.3 基于数据集 APL-SSHC 聚类结果

数据集	迭代次数	50	100	150	200	250	300
Glass	目标函数值	9.9415	9.3651	8.8467	8.3355	8.5890	8.4421
Iris	目标函数值	6.8819	5.5234	4.5782	4.6813	4.6411	4.599

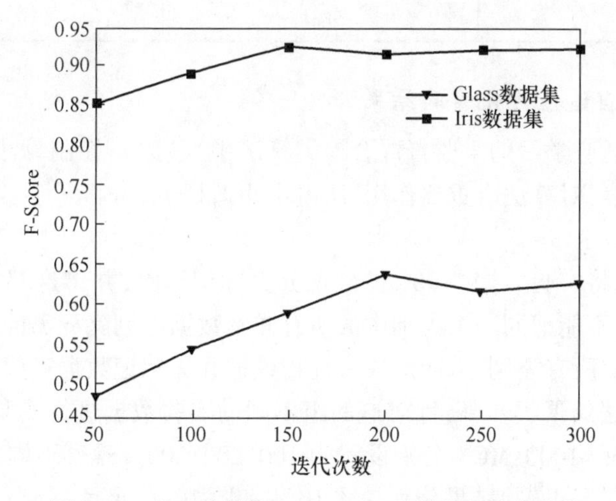

图 10.3 基于数据集 APL-SSHC 聚类结果演化趋势

由表 10.3 和图 10.3 可知，随着聚类算法的优化迭代，SN 个聚类中心族中最优的目标函数值越来越小，说明最优聚类中心族与实际的聚类模型（或最优聚类结果）越来越贴近，参数自适应学习的半监督混合聚类算法逐渐向最优聚类结果优化收敛，说明本书改进的目标函数对半监督聚类是有效的。

本书认为参数自适应学习的半监督混合聚类算法融合 K-均值算法可以加快算法的收敛速度。为验证该观点，本书在实现同一聚类效果下，对比参数自适应学习的半监督混合聚类算法与半监督人工蜂群聚类算法、人工蜂群算法的执行时间，故这三种算法的结束条件由达到最大迭代次数改为目标函数值小于某阈值 Th（针对 Glass 数据集 Th = 8.5，针对 Iris 数据集 Th = 4.6），即只要算法目标函数值小于 Th,算法就停止,实验结果如表 10.4 所列。

由表 10.4 可知,参数自适应学习的半监督混合聚类算法执行时间比半监督人工蜂群聚类算法执行时间小很多,可见融合 K-均值算法可以显著加快算法收敛速度。半监督人工蜂群聚类算法的执行时间较人工蜂群算法的执行时间小,可知 SSABC 算法的目标函数结合有标记数据指导聚类过程加快了算法往最优聚类结果收敛,也证明改进的目标函数改善了聚类效果。

表 10.4 聚类算法执行时间对比结果(ms)

算法	数据集	
	Glass	Iris
APL-SSHC	4813	2723
SSABC	7349	4611
ABC	9831	6019

10.3.3 参数自适应优化实验结果

在参数自适应学习的半监督混合聚类算法中,参数 α 控制算法对有标记样本数据重视程度,对算法有重要作用,所以本小节研究、分析了参数 α 的自适应学习优化结果。

在实验时,将实验数据中 90%的数据分类标记移除,并将这部分信息保存。在剔除标记时,不能把同一个类别中的所有样本数据都剔除分类标记,即要保证有标记样本涵盖所有类别,从而形成有标记数据和无标记数据。根据 10.2.5 节 APL-SSHC 算法的聚类步骤,针对这两组不同的实验数据进行实验。设置种群数 SN=20,Limit=1000,MCN 分别设置为 100,200,300。观察不同迭代次数下,参数 α 的优化结果,实验结果分别如图 10.4 和图 10.5 所示。

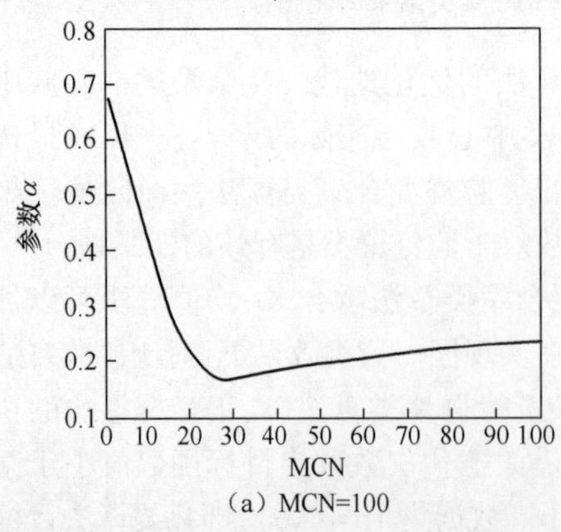

(a) MCN=100

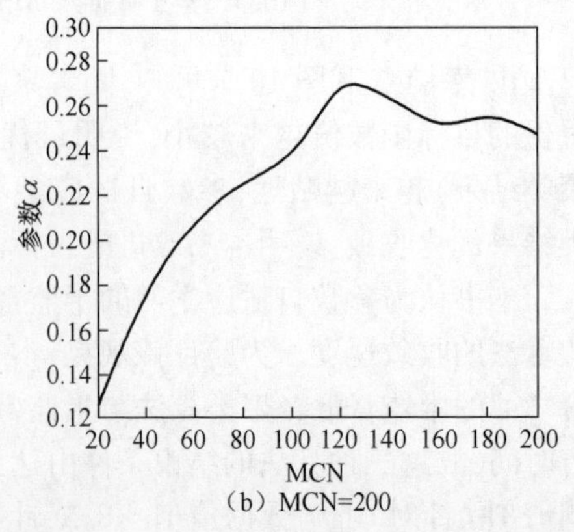

(b) MCN=200

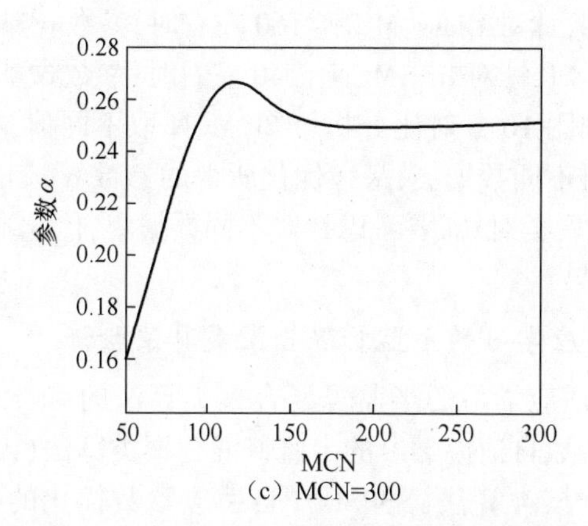

（c）MCN=300

图 10.4　基于 Glass 数据集的 α 优化实验结果

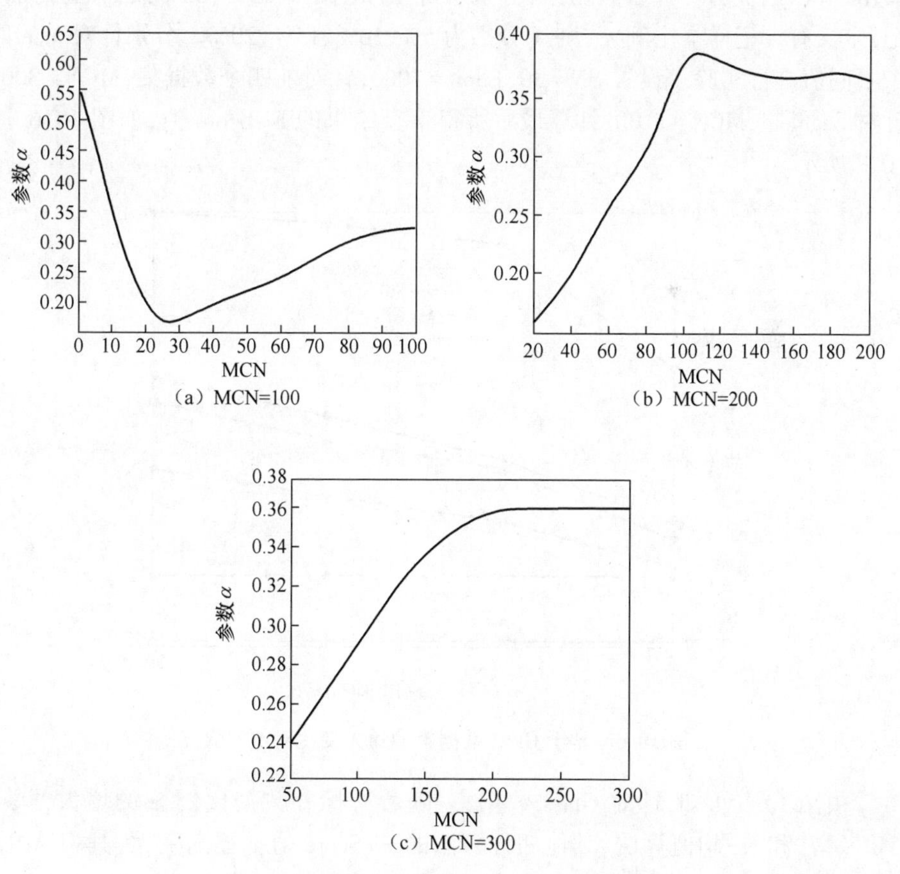

图 10.5　基于 Iris 数据集的 α 优化实验结果

由图 10.4 可知，针对 Glass，MCN=160 左右时，参数 α 基本达到最终最优值 0.25。由图 10.5 可知，针对 Iris，MCN=140 左右时，参数 α 基本达到最终最优值 0.36。由图 10.4 和图 10.5 对比分析可知，MCN 取不同值，参数 α 的优化结果也不一致，并且针对不同数据集，最终优化所得的参数 α 值也不相同，所以在应用 APL-SSHC 算法聚类时，需要考虑针对不同数据集，优化参数 α 值，以便最终达到最优的聚类效果。

10.3.4 参数自适应学习的半监督混合聚类算法验证

为验证参数自适应学习的半监督混合聚类算法的聚类效果，利用 F-Score 进行验证分析，将参数自适应学习的半监督混合聚类算法（APL-SSHC）、SSABC 算法、半监督粒子群聚类算法（SSPSO）、自适应参数优化的半监督粒子群算法（APO-SSPSO）[132]、K-均值算法、ABC 算法进行实验结果对比，分析 APL-SSHC 算法的优劣。针对数据集，分别移除 95%、90%、85%、80%数据的分类标记，定义有标记样本比例 λ，则 λ 分别为 5%、10%、15%、20%。分别针对 λ 的四个不同值进行实验。设置 SN=30，Limit=1000，针对前四个数据集，MCN=300，针对 Segment，MCN=1100，计算最后所得聚类结果的 F-Score 值，如图 10.6、图 10.7 所示。

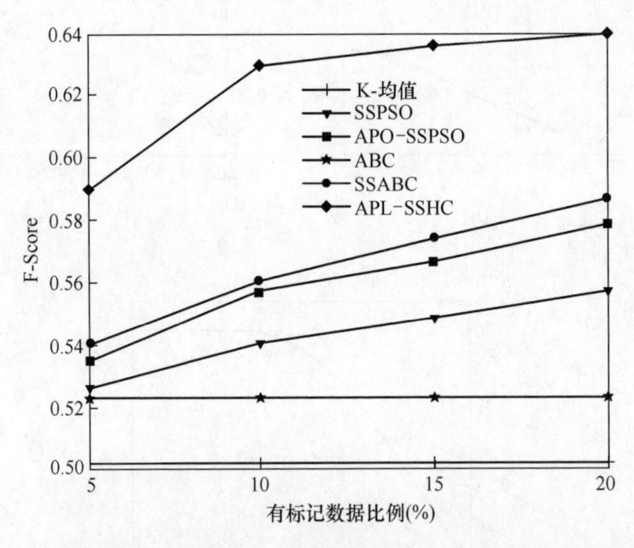

图 10.6 基于 Glass 数据集的随 λ 变化对比实验

由图 10.6 可知，针对 Glass 数据集，随着有标签数据比例 λ 的增大，除了 ABC 算法和 K-均值算法，其他四种算法的 F-Score 值都逐渐变大，其中 APL-SSHC 算法 F-Score 值一直大于另外五种算法的 F-Score 值，表明 APL-SSHC 算

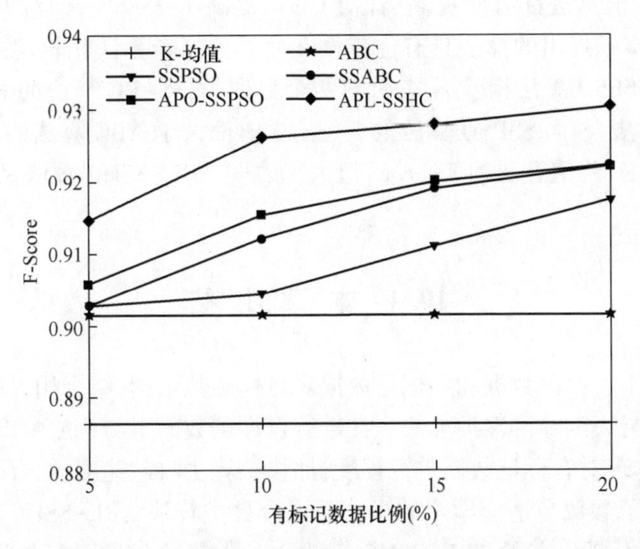

图 10.7　基于 Iris 数据集的随 λ 变化对比实验

法最优，其次是 SSABC 算法，随后依次是 APO-SSPSO 算法、SSPSO 算法、ABC 算法，K-均值算法最差。

图 10.7 展示了基于 Iris 数据集进行对比实验结果，随着 λ 增大，SSABC 算法、APL-SSHC 算法、SSPSO 算法、APO-SSPSO 算法的 F-Score 值都逐渐增长，其中 APL-SSHC 算法最优，APO-SSPSO 算法与 SSABC 算法比较接近，整体 APO-SSPSO 算法较优。随后依次是 SSPSO 算法、ABC 算法和 K-均值算法。

综合图 10.6、图 10.7 发现，在不同数据集下，APL-SSHC 算法表现最优。而 SSABC 算法与 APO-SSPSO 算法比较接近，整体而言，APO-SSPSO 较优。随后依次是 SSPSO 算法、ABC 算法、K-均值算法。

表 10.5　基于 UCI 数据集的各聚类算法对比结果（λ = 10%）

数据集	K-均值	SSPSO	APO-SSPSO	ABC	SSABC	APL-SSHC
Glass	0.5012	0.5398	0.5571	0.5224	0.5603	0.6294
Iris	0.8867	0.9045	0.9152	0.9017	0.9119	0.9261

为对比分析六个算法的 F-score 值，设置 λ = 10%，对两个数据集整理实验结果，如表 10.5 所列。对比 K-均值算法、SSPSO 算法、APO-SSPSO 算法、ABC 算法、SSABC 算法和 APL-SSHC 算法的聚类 F-Score 值都较大，说明这两种算法的表现较优，其中 APL-SSHC 算法在这四个数据集上聚类效果都是最好，而 K-均值算法表现最差。对于这四种数据集，APL-SSHC 算法聚类的 F-Score 值

相较于 K-均值算法都有所提高,针对 Glass 提高了 25.6%,针对 Iris 提高了约 4.5%,证明本章提出的算法具有优越性。而其他五个算法相较起来,SSABC 算法与 APO-SSPSO 算法相差不多,针对两个数据集,SSABC 算法的 F-Score 值都较 SSPSO 算法大,而 SSPSO 算法的 F-Score 值都大于 ABC 算法的 F-Score 值,而后者又比 K-均值算法的 F-Score 值大。表明 APL-SSHC 算法具有较优的聚类效果。

10.4 本章小结

本书基于有标记数据和无标记数据对目标函数重构,结合用人工蜂群算法,提出了半监督人工蜂群聚类算法。在进行目标函数的重新构成中设置算法的权重参数,以体现对有标记数据重视程度,加快了算法收敛速度,结合 K-均值算法进一步提出了参数自适应学习的半监督混合聚类算法 APL-SSHC。最后,基于 UCI 数据集,分析研究了 APL-SSHC 算法中参数优化问题,展示了聚类结果的目标函数值,并将该算法与 K-means 算法、半监督粒子群算法、自适应优化的半监督粒子群算法、人工蜂群算法、半监督人工蜂群聚类算法进行对比实验分析,发现 APL-SSHC 算法较其他算法有更高的 F-Score 值,聚类效果更好。

第十一章　总结与展望

本书针对文本数据处理中的相关算法分析问题设计研究方案,针对多种机器学习与数据挖掘算法进行分析改进研究。研究工作进行期间,对一系列此等问题进行仿真实验,分析了实验结果中出现的实际问题产生的影响,并针对目前信任算法的缺陷,设计改进算法实现优化功能的预期效果。主要结论归纳如下:

(1) 针对二类文本分类问题,提出了一种新的主动否定学习算法,用于解决在线垃圾邮件分类。采用准确率、召回率、ROC 曲线、耗费时间和用户标注数目作为 ALNSTC 算法的评价标准,与其他同类方法进行了实验分析,将用户个性喜好转换成正、负向用户兴趣集,对新增样本集中的关键特征分别与正、负向兴趣集中的关键特征进行相似度评估,通过评估确定特征的类别;将双向用户兴趣集作为检测器,新增样本的关键特征集作为自体集,通过 NS 算法中的异常检测机制,对两者进行异常检测匹配,结果为匹配时,算法自动对特征进行分类,结果为不匹配时,算法收集为未知类别特征,推荐给用户进行标注;通过在六个常用语料集上与其他五种参照算法进行比较,分析可得主动否定学习算法具有较高的分类精度以及较低的用户标注负担。

(2) 为了解决微博短文本的情感类别判定问题,本书首先提出 PCAKFS 算法,用于微博短文本中文本部分的关键特征选择和表情符号的辨识及评分记录,通过改进 PCA 方法截取具有情感极性评估值最高的 k 个关键特征构建关键特征集,用于消减微博短文本的特征集,达到选择最具情感色彩特征的目的。然后通过改进直推式迁移学习方法提出了 TLSC 算法,用以解决微博短文本情感分类问题,依据本章构建的情感极值词典 SDD 作为迁移学习的源领域,将之与作为目标领域的关键特征集相匹配,检索关键特征所对应的相同或相似的情感极值特征,从而达到准确判定微博短文本情感倾向性类别的目的。本书选择常用的评价标准,设计实验验证了 PT 算法的独立分类性能及在实际数据集上的分类性能,分析了表情符号数量和关键特征选择个数对 PT 算法分类性能的影响。实验结果证明:PT 算法能够有效且准确地判定微博短文本的情感倾向性类别,随着数据集数量的渐增,PT 算法仍能保持稳定且高效的分类精度;PT 算法可以有效读取表情符号,精准辨识表情符号的情感极值,进而有助于提高微博短文本的情感分类精度；且数据集中包含表情符号数量越多，PT 算法的分类精度越高；PCAKFS 算法能够有效且准确地选取情感极性评估值最高的关键特征，降低微博短文本的特征维度，有利于后期微博短文本的情感分类。

（3）针对海量文本分类中的噪声数据问题，提出了一种并行化噪声消除算法（PNE）。在分析文本中各噪声数据类型的基础上，归纳出五种噪声数据类型，并按照冗余噪声特征和错误噪声特征两类分别进行处理。为了消除文本中的冗余噪声特征，结合 PCA 方法和 TFIDF 方法给出了一种适用于文本分类前的 RNE 算法；为了检测和去除文本中的错误噪声特征，借助历史错误特征数据，给出了一种应用于文本分类过程中的 END 算法；如此就达到了降低文本噪声特征和提高文本分类性能的目的。本书选取三种有代表性的噪声消除算法作为参照，并在两个常用数据集上进行了实验。结果分析可得：与参照算法相比，PNE 算法具有更高的噪声消除率和分类准确率，能够有效保留关键特征，剔除冗余噪声特征，且在消除噪声特征的基础上有效且准确地判别文本类别；PNE 算法的并行化处理方式，使得其在文本数量巨大的情况下仍能保持较低的运行时间和较快的计算速率；噪声比例逐渐下降的情况下，PNE 算法仍能保持良好且稳定的噪声特征消除率和分类准确率，较其他参照算法有明显优势。

（4）针对测试文本集中有过多的属性冗余以及朴素贝叶斯算法因为条件独立性的理想式假设而引起的分类性能降低问题，提出了一种改进的 PSO-NB 算法。该算法首先利用改进的 CDMI 方法进行属性约简，然后以特征词的词频比率作为初始权值，使用绝对误差方法确定目标函数，设定速度更新中的最低和最高速度，利用 PSO 优化算法对初始权值进行优化，直至目标函数收敛，生成分类器。采用召回率、F-Measure 和准确率作为 PSO-NB 算法的评价标准，与其他方法进行实验对比。通过在 Newsgroups 语料集上的对比，可得本书算法具有更高的分类精度以及更低的计算复杂度。

（5）在研究 DBSCAN 算法的执行过程中，针对其本身存在的缺陷，利用遗传算法和 MapReduce 编程框架对算法进行了改进，并对原始算法和改进算法进行了实验对比，从研究改进的过程及实验结果得出了如下结论：在结合遗传算法的基础上，可以自适应确定 minPts 和 Eps 的高度近似值，取代了依靠经验来设置阈值，进而大大提高了聚类的准确率；针对算法耗时长的问题，结合了 MapReduce 编程框架，将大数据集交给 Hadoop 集群来处理，通过实验结论说明，当数据量激增时，改进算法依然保持着高效率。

（6）介绍了作为分布式集群存储的 HDFS 大数据存储优化问题，提出了基于一致性哈希原理的多副本数据一致性哈希优化存储位置放置策略，使用创建虚拟节点技术和等分存储区域保证了数据存储的均衡性分布，加快了数据处理的速度,能够针对集群的实际要求完成扩展,并按照扩展情况制定使数据存储完成自适应优化调整。基于一致性哈希 Chord 算法使用 MapReduce 并行处理,实现多机架并行连接处理。实验表明,存储优化后,算例的执行速度得到有效提升,针对 GB 级规模数据,能够保证负载均衡问题;多机架连接实验中优化处理的算例执行时间明显低于常规约减处理算法;针对实际情况中可能出现的扩展与删减问题的测试表明,使用优化存储策略处理此类问题时,振荡幅值能够在合理范围内变化,对整体负载均衡影响不大,且执行时间与负载占比变化趋势一致。

(7) 基于对 KNN 分类算法的研究与分析,提出了基于决策表和核属性值的两次属性约简的改造,对改造后的 KNN 算法进行 MapReduce 并行化研究实验。通过研究过程及实验分析得出了如下结论:实验通过对数据进行两次属性约简,大大减少了数据冗余,提高了实验的运行效率;对改造后的算法使用 MapReduce 编程模型对算法进行实验设计,并在 Hadoop 平台上进行并行化实验分析;实验表明在大数据环境下,属性约简后的数据在集群环境下执行算法提高了 KNN 算法的加速比和可扩展性,算法效率也随着集群规模的扩大而变高。

(8) 提出一种结合改进 CHI 和 RFFS 的特征选择算法,利用改进 CHI 算法计算特征词的文档频率及词频与类别的相关性,按相关性大小进行第一次特征选择,去除大量冗余特征;然后利用 RFFS 算法进行二次特征选择,获得更优化的特征属性。通过在多个分类器下的文本分类实验表明,改进算法较传统 CHI 算法具有更好的特征降维效果,能使分类器达到更高的准确率;对比多种算法的分类性能可以看出,在同一维度下,改进算法的各项指标值要优于传统 CHI 算法;对比算法在具体类别中的效果表明,改进算法提升了多个类别的召回率,总体分类效果优于传统 CHI 算法。虽然改进算法在一定程度上提升了分类器的准确率,但仍有待提高,如改进特征选择算法后 KNN 分类器的准确率依然不高。

(9) 结合用 ABC 算法,提出了半监督人工蜂群聚类算法 SSABC。在进行目标函数的重新构成中设置算法的权重参数,以体现对有标记数据重视程度,加快了算法收敛速度,结合 K-均值算法进一步提出了参数自适应学习的半监督混合聚类算法 APL-SSHC。最后,基于 UCI 数据集,分析研究了 APL-SSHC 算法中参数优化问题,展示了聚类结果的目标函数值,并将该算法与 K-均值算法、SSPSO 算法、APO-SSPSO 算法、ABC 算法、SSABC 算法进行对比实验分析,发现 APL-SSHC 算法较其他算法有更高的 F-Score 值,聚类效果更好。

参考文献

[1] 郭虎升,王文剑.基于主动学习的模式类别挖掘模型[J].计算机研究与发展,2014,51(10):2148-2159.

[2] BALCAN M F, BLUM A. A discriminative model for semi-supervised learning[J]. Journal of the ACM (JACM), 2010, 57(3): 1-46.

[3] 王友卫,刘元宁,凤丽洲,等.基于用户兴趣集的在线垃圾邮件快速识别新方法[J].电子学报,2015,43(10):1963-1970.

[4] 吴伟宁,刘扬,郭茂祖,等.基于采样策略的主动学习算法研究进展[J].计算机研究与发展,2012,49(06):1162-1173.

[5] LIU W Y, WANG T. Online active multi-field learning for efficient email spam filtering[J]. Knowledge & Information Systems, 2012, 33(1): 117-136.

[6] BENEVENUTO F, RODRIGUES T, VELOSO A, et al. Practical detection of spammers and content promoters in online video sharing systems[J]. IEEE Transactions on Systems, Man, and Cybernetics, Part B (Cybernetics), 2011, 42(3): 688-701.

[7] FENG L Z, WANG Y W, ZUO W L. Quick online spam classification method based on active and incremental learning[J]. Journal of Intelligent & Fuzzy Systems, 2016, 30(1): 17-27.

[8] 金章赞, 廖明宏, 肖刚. 否定选择算法综述[J]. 通信学报, 2013, 34(1): 159-170.

[9] IDRIS I, SELAMAT A, NGUYEN N T, etal. A combined negative selection algorithm-particle swarm optimization for an email spam detection system[J]. Engineering Applications of Artificial Intelligence, 2015, 39: 33-44.

[10] IDRIS I, SELAMAT A, OMATU S. Hybrid email spam detection model with negative selection algorithm and differential evolution[J]. Engineering Applications of Artificial Intelligence, 2014, 28: 97-110.

[11] CAO D, JI R, LIN D, et al. A cross-media public sentiment analysis system for microblog[J]. Multimedia Systems, 2016, 22: 479-486.

[12] LIU X, XIE R, LIN C, et al. Question microblog identification and answer recommendation[J]. Multimedia Systems, 2016, 22: 487-496.

[13] 黄发良,冯时,王大玲,等.基于多特征融合的微博主题情感挖掘[J].计算机学报,2017,40(04):872-888.

[14] DAVIDOV D, TSUR O, RAPPOPORT A. Enhanced sentiment learning using twitter hashtags and smileys[C]//Coling 2010: Posters. 2010: 241-249.

[15] DA SILVA N FF, COLETTA L F S, HRUSCHKA E R, et al. Using unsupervised information to improve semi-supervised tweet sentiment classification[J]. Information Sciences, 2016, 355: 348-365.

[16] ZHAO Y, QIN B, LIU T, et al.Social sentiment sensor: a visualization system for topic detection and topic sentiment analysis on microblog[J]. Multimedia Tools and Applications, 2016, 75: 8843-8860.

[17] TABOADA M, BROOKE J,TOFILOSKI M, et al. Lexicon-based methods for sentiment analysis[J]. Computational linguistics, 2011, 37(2): 267-307.

[18] WU F, SONG Y, HUANG Y. Microblog sentiment classification with heterogeneous sentiment knowledge[J]. Information Sciences, 2016, 373: 149-164.

[19] 栗雨晴, 礼欣, 韩煦,等. 基于双语词典的微博多类情感分析方法[J]. 电子学报, 2016, 44(09):2068-2073.

[20] REN Y, WANG R, JI D. A topic-enhanced word embedding for Twitter sentiment classification[J]. Information Sciences, 2016, 369: 188-198.

[21] KAEWPITAKKUN Y, SHIRAI K. Incorporation of target specific knowledge for sentiment analysis on microblogging[J]. IEICE TRANSACTIONS on Information and Systems, 2016, 99(4): 959-968.

[22] KHAN F H, QAMAR U, BASHIR S. Multi-objective model selection (MOMS)-based semi-supervised framework for sentiment analysis[J]. Cognitive Computation, 2016, 8(4): 614-628.

[23] JIANG F, LIU Y Q, LUAN H B, et al. Microblog Sentiment Analysis with Emoticon Space Model[J]. Journal of Computer Science and Technology, 2015, 30(5): 1120-1129.

[24] ZHAO J, DONG L, WU J, et al.Moodlens: an emoticon-based sentiment analysis system for chinese tweets[C]//Proceedings of the 18th ACM SIGKDD international conference on Knowledge discovery and data mining. 2012: 1528-1531.

[25] ZHANG L, PEI S, DENG L, et al. Microblog sentiment analysis based on emoticon networks model[C]//Proceedings of the Fifth International Conference on Internet Multimedia Computing and Service. 2013: 134-138.

[26] FENG S, SONG K, WANG D, et al. A word-emoticon mutual reinforcement ranking model for buildingsentiment lexicon from massive collection of microblogs[J]. World Wide Web, 2015, 18(4): 949-967.

[27] ESULI A, SEBASTIANI F. Improving text classification accuracy by training label cleaning[J]. ACM Transactions on Information Systems (TOIS), 2013, 31(4): 1-28.

[28] KATZ G, OFEK N, SHAPIRA B.ConSent: Context-based sentiment analysis[J]. Knowledge-Based Systems, 2015, 84: 162-178.

[29] AGGARWAL CC, ZHAO Y, PHILIP S Y. On the use of side information for mining text data[J]. IEEE Transactions on knowledge and data engineering, 2012, 26(6): 1415-1429.

[30] BARIGOU F. IMPROVING k-nearest neighbor efficiency for text categorization[J]. Neural Network World, 2016, 26(1): 45.

[31] HARUN U. A two-stage feature selection method for text categorization by using information

gain, principal component analysis and genetic algorithm [J]. Knowledge-Based Systems, 2011, 24(7): 1024-1032.

[32] SONG W, LIANG J Z, HE X L, et al. Taking advantage of improved resource allocating network and latent semantic feature selection approach for automated text categorization [J]. Applied Soft Computing, 2014, 21(3): 210-220.

[33] YANG Y M. Noise reduction in a statistical approach to text categorization[C]//Proceedings of the 18th annual international ACM SIGIR conference on Research and development in information retrieval. ACM, 1995: 256-263.

[34] 王强, 关毅, 王晓龙. 基于特征类别属性分析的文本分类器分类噪声裁剪方法[J]. 自动化学报, 2007, 33(8): 809-816.

[35] 龚书, 瞿有利, 田盛丰. 多文档文摘语义单元自动去噪器的监督学习方法[J]. 计算机研究与发展, 2013, 50(04): 873-882.

[36] ALTINEL B, GANIZ M C. A new hybrid semi-supervised algorithm for text classification with class-based semantics [J]. Knowledge-Based Systems, 2016, 108:50-64.

[37] WU J, CAI Z. Attribute Weighting via Differential Evolution Algorithm for Attribute Weighted Naive Bayes (WNB) [J]. Journal of Computational Information Systems, 2011, 7(5): 1672-1679.

[38] ORHAN U, KEMAL A, COMERT O. Least squares approach to locally weighted naive Bayes method[J]. Journal of New Results in Science, 2012, 1(1): 71-80.

[39] JIANG L, CAI Z, ZHANG H, et al. Naive Bayes text classifiers: a locally weighted learning approach[J]. Journal of Experimental & Theoretical Artificial Intelligence, 2013, 25(2): 273-286.

[40] TRHERI S, YEARWOOD J, MAMMADOV M, et al. Attribute weighted Naive Bayes classifier using a local optimization[J]. Neural Computing and Applications, 2014, 24(5):995-1002.

[41] 王辉,黄自威,刘淑芬.新型加权粗糙朴素贝叶斯算法及其应用研究[J].计算机应用研究,2015,32(12):3668-3672,3692.

[42] 董立岩,隋鹏,孙鹏,等. 基于半监督学习的朴素贝叶斯分类新算法[J]. 吉林大学学报(工学版),2016,(03):884-889.

[43] 李楚进,付泽正. 对朴素贝叶斯分类器的改进[J].统计与决策,2016,(21):9-11.

[44] 刘月峰,苑江浩,张晓琳. 改进 NB 算法在垃圾邮件过滤技术中的研究[J]. 微电子学与计算机,2017,(04):115-120.

[45] 杨雷,曹翠玲,孙建国,等.改进的朴素贝叶斯算法在垃圾邮件过滤中的研究[J].通信学报,2017,38(04):140-148.

[46] 陈刚,刘秉权,吴岩.一种基于高斯分布的自适应 DBSCAN 算法[J].微电子学与计算机,2013,30(03):27-30, 34.

[47] 冯振华,钱雪忠,赵娜娜.Greedy DBSCAN:一种针对多密度聚类的 DBSCAN 改进算法

[J].计算机应用研究,2016,33(09):2693-2696, 2700.

[48] ESTER M, KRIEGEL H P, SANDER J, et al. A density-based algorithm for discovering clusters in large spatial databases with noise[C]//kdd. 1996, 96(34): 226-231.

[49] WANG W T, WU Y L, TANG C Y, et al. Adaptive density-based spatial clustering of applications with noise (DBSCAN) according to data[C]//2015 International Conference on Machine Learning and Cybernetics (ICMLC). IEEE, 2015, 1: 445-451.

[50] UNCU O, GRUVER W A, KOTAK D B, et al. GRIDBSCAN: GRId density-based spatial clustering of applications with noise[C]//2006 IEEE International Conference on Systems, Man and Cybernetics. IEEE, 2006, 4: 2976-2981.

[51] 刘淑芬, 孟冬雪, 王晓燕. 基于网格单元的 DBSCAN 算法[J]. 吉林大学学报:工学版, 2014, 44(4):1135-1139.

[52] 罗启福. 基于云计算的 DBSCAN 算法研究[D]. 武汉:武汉理工大学, 2013.

[53] 杨亚军. 基于 MapReduce 的自适应密度聚类算法研究[D]. 天津:天津大学, 2014.

[54] HE Y, TAN H, LUO W, et al.Mr-dbscan: an efficient parallel density-based clustering algorithm using mapreduce[C]//2011 IEEE 17th international conference on parallel and distributed systems. IEEE, 2011: 473-480.

[55] KIM K, KIM J, MIN C, et al. Content-based chunk placement scheme for decentralized deduplication on distributed file systems[C]//Computational Science and Its Applications-ICCSA 2013: 13th International Conference, Ho Chi Minh City, Vietnam, June 24-27, 2013, Proceedings, Part I 13. Springer Berlin Heidelberg, 2013: 173-183.

[56] SPILLNER JOSEF, MULLER JOHANNES, Schill Alexander. Creating optimal cloud storage systems[J]. FutureGeneration Computer Systems, 2013, 29(4): 1062- 1072.

[57] 刘晨光. 面向 Hadoop 存储系统的节能优化技术研究[D]. 武汉:华中科技大学, 2012.

[58] 王宁, 杨扬, 孟坤, 等. 云计算环境下基于用户体验的成本最优存储策略研究[J]. 电子学报, 2014, 42(1): 20-27.

[59] 翟海滨, 张鸿, 刘欣然, 等. 最小化出口流量花费的接入级 P2P 缓存容量设计方法[J]. 电子学报, 2015, 43(5): 879-887.

[60] KAMIYAMA N, MORI T, KAWAHARA R, et al. Analyzing influence of network topology on designing ISP-operated CDN[J]. Telecommunication Systems, 2013, 52: 969-977.

[61] PAMIES-JUAREZ L, GARCÍA-LÓPEZ P, SÁNCHEZ-ARTIGAS M, et al. Towards the design of optimal data redundancy schemes for heterogeneous cloud storage infrastructures [J]. Computer Networks the International Journal of Computer & Telecommunications Networking, 2011, 55(5): 1100-1113.

[62] HEFEEDA M, NOORIZADEH B. On the Benefits of Cooperative Proxy Caching for Peer-to-Peer Traffic[J]. IEEE Transactions on Parallel & Distributed Systems, 2010, 21(7):998-1010.

[63] 李建敦, 彭俊杰, 张武. 云存储中一种基于布局的虚拟磁盘节能调度方法[J]. 电子学

报, 2012, 40(11): 2247-2254.
[64] 葛雄资. 基于预取的磁盘存储系统节能技术研究[D]. 武汉:华中科技大学, 2012.
[65] 江柳. HDFS 下小文件存储优化相关技术研究[D]. 北京: 北京邮电大学, 2011.
[66] 刘通. 基于 HDFS 的小文件处理与副本策略优化研究[D].青岛:中国海洋大学, 2014.
[67] 王意洁, 孙伟东, 周松, 等. 云计算环境下的分布存储关键技术[J]. 软件学报, 2012, 23(4): 962-986.
[68] 谭一鸣, 曾国荪, 王伟. 随机任务在云计算平台中能耗的优化管理方法[J]. 软件学报, 2012, 23(2):266-278.
[69] 何丽,饶俊,赵富强.一种基于能耗优化的云计算系统任务调度方法[J].计算机工程与应用,2013,49(20):19-22,111.
[70] TENA F L, KNAUTH T, FETZER C.POWERCASS: Energy Efficient, Consistent Hashing Based Storage for Micro Clouds Based Infrastructure [C]// Cloud Computing (CLOUD), 2014 IEEE 7th International Conference on IEEE, 2014: 48-55.
[71] 席屏,薛峰. 多层一致性哈希的 HDFS 副本放置策略[J]. 计算机系统应用, 2015, 24(2): 127-133.
[72] BOWERS K D, JUELS A, OPREA A. HAIL: A high-availability and integrity layer for cloud storage[C]//Proceedings of the 16th ACM conference on Computer and communications security. 2009: 187-198.
[73] 邵秀丽,王亚光,李云龙,等.Hadoop 副本放置策略[J].智能系统学报,2013,8(06): 489-496.
[74] BERL A,GELENBE E, DI GIROLAMO M, et al. Energy-efficient cloud computing[J]. The computer journal, 2010, 53(7): 1045-1051.
[75] 王元卓, 靳小龙, 程学旗. 网络大数据:现状与展望[J]. 计算机学报, 2013, 36(6): 1125-1138.
[76] 闫永刚,马廷淮,王建.KNN 分类算法的 MapReduce 并行化实现[J].南京:南京航空航天大学学报,2013,45(04):550-555..
[77] PAPADIMITRIOU S, SUN J. DISCO: Distributed co-clustering with map-reduce: A case study towards petabyte-scale end-to-end mining[C]//2008 Eighth IEEE International Conference on Data Mining. IEEE, 2008: 512-521.
[78] 鲍新中, 张建斌, 刘澄. 基于粗糙集条件信息熵的权重确定方法[J]. 中国管理科学, 2009, 17(3):131-135.
[79] 汪凌, 吴洁, 黄丹. 基于相对可辨识矩阵的决策表属性约简算法[J]. 计算机工程与设计, 2010, 31(11):2536-2538.
[80] 张著英, 黄玉龙, 王翰虎. 一个高效的 KNN 分类算法[J]. 计算机科学, 2008, 35(3): 170-172.
[81] 樊存佳,汪友生,边航.一种改进的 KNN 文本分类算法[J].国外电子测量技术,2015,34(12):39-43.

[82] ZHU P, ZHAN X, QIU W. Efficient k-Nearest Neighbors Search in High Dimensions Using MapReduce[C]// IEEE Fifth International Conference on Big Data and Cloud Computing. IEEE, 2015:23-30.

[83] XUELI W, ZHIYONG J, DAHAI Y. An improved KNN algorithm based on kernel methods and attribute reduction[C]//2015 Fifth International Conference on Instrumentation and Measurement, Computer, Communication and Control (IMCCC). IEEE, 2015: 567-570.

[84] 吴强. 采用粗糙集中可辨识矩阵方法的概念格属性约简[J]. 计算机工程, 2004, 30(20):141-142.

[85] 鲁伟明, 杜晨阳, 魏宝刚,等. 基于 MapReduce 的分布式近邻传播聚类算法[J]. 计算机研究与发展, 2012, 49(8):1762-1772.

[86] 王煜. 基于决策树和 K 最近邻算法的文本分类研究[D].天津:天津大学, 2006.

[87] 梁鲜,曲福恒,杨勇,等.一种高效的全局 K-均值算法[J].长春理工大学学报(自然科学版),2015,38(03):112-115.

[88] 王鹏,王睿婕.K-均值聚类算法的 MapReduce 模型实现[J].长春理工大学学报(自然科学版),2015,38(03):120-124.

[89] JIN C, MA T, HOU R, et al. Chi-square statistics feature selection based on term frequency and distribution for text categorization[J]. IETE journal of research, 2015, 61(4): 351-362.

[90] 冀俊忠, 吴金源, 吴晨生,等. 基于类别加权和方差统计的特征选择方法[J]. 北京工业大学学报, 2014, 40(10):1593-1602.

[91] LEI Y. Study on sentiment text classification based on improved CHI feature selection[J]. Transducer and Microsystem Technologies, 2017, 5: 013.

[92] 徐明, 高翔, 许志刚,等. 基于改进卡方统计的微博特征提取方法[J]. 计算机工程与应用, 2014, 50(19):113-117.

[93] RUANGKANOKMAS P, ACHALAKUL T, Akkarajitsakul K. Deep belief networks with feature selection for sentiment classification[C]//2016 7th International Conference on Intelligent Systems, Modelling and Simulation (ISMS). IEEE, 2016: 9-14.

[94] IMANI M B,KEYVANPOUR M R, AZMI R. A novel embedded feature selection method: a comparative study in the application of text categorization[J]. Applied Artificial Intelligence, 2013, 27(5): 408-427.

[95] HAWASHIN B, MANSOUR A, ALJAWARNEH S. An efficient feature selection method for arabic text classification[J]. International journal of computer applications, 2013, 83(17).

[96] BAHASSINE S, MADANI A, KISSI M. An improved Chi-sqaure feature selection for Arabic text classification using decision tree[C]//Intelligent Systems: Theories and Applications (SITA), 2016 11th International Conference on. IEEE, 2016: 1-5.

[97] AZAM N, YAO J T. Comparison of term frequency and document frequency based feature selection metrics in text categorization[J]. Expert Systems with Applications, 2012, 39(5):

4760-4768.

[98] LIU Y, WANG Y, FENG L, et al. Term frequency combined hybrid feature selection method for spam filtering[J]. Pattern Analysis and Applications, 2016, 19(2):369-383.

[99] POURHASHEMJ S M. E-mail Spam Filtering by A New Hybrid Feature Selection Method Using Chi2 as Filter and Random Tree as Wrapper[J]. Engineering Journal, 2014, 18(3): 123-134.

[100] 荣康, 涂卫平, 姜林. 基于随机森林的 AVS-P10 开环编码质量优化算法[J]. 计算机工程与应用, 2016, 52(24):57-61.

[101] 王玲, 刘善军, 陈兵林,等. 混合过滤器和封装器启发式判别籽棉成熟度[J]. 计算机研究与发展, 2013, 50(2):269-277.

[102] 陶勇森, 王坤侠, 杨静,等. 融合信息增益与和声搜索的语音情感特征选择[J]. 小型微型计算机系统, 2017, 38(5):1164-1168.

[103] POURHASHEMI S M, Osareh A, Shadgar B. E-mail Spam Filtering by a new Hybrid Feature Selection Method using Chi2 and CNB Wrapper[J]. Int. J. Emerg. Sci, 2013, 3(4): 410-422.

[104] BOUCHEHAM A, Batouche M. Hybrid wrapper/filter gene selection using an ensemble of classifiers and PSO algorithm[M]//Biotechnology: Concepts, methodologies, tools, and applications. IGI Global, 2019: 525-541.

[105] ZHAO WZ, MA HF, LI ZQ, et al. Efficiently active Learning for Semi-Supervised Document Clustering[J]. Journal of Software, 2012,23(6):1486-1499.

[106] LIU JW, LIU Y, LUO XL. Semi-Supervised Learning Methods[J]. Chinese Journal of Computer.2015, 38(8): 1592-1617.

[107] ZHANG X, JIAO L, PAUL A, et al.Semisupervised Particle Swarm Optimization for Classification[J]. Mathematical Problems in Engineering, 2014, 2014(2):1-11.

[108] SETHI C, MISHRA G. A Linear PCA based hybrid K-Means PSO algorithm for clustering large dataset[J]. International Journal of Scientific & Engineering Research, 2013, 4(6): 1559-1566.

[109] LIU DL, LI LL. New Improved Artificial Fish Swarm Algorithm. Computer Science[J]. 2017, 44(4):281-287.

[110] WANG H, XU X, WANG Z. et al. Analyzing the influence of domain features on the optimality of service composition algorithm[C]//Services Computing (SCC), 2015 IEEE International Conference on. IEEE, 2015: 427-434.

[111] KARABOGA D, Ozturk C. A novel clustering approach: Artificial Bee Colony (ABC) algorithm[J]. Applied soft computing, 2011, 11(1): 652-657.

[112] KARABOGA D, GORKEMLI B, OZTURK C, et al. A comprehensive survey: artificial bee colony (ABC) algorithm and applications[J]. Artificial Intelligence Review, 2014, 42(1): 21-57.

[113] 丁兆云, 贾焰, 周斌. 微博数据挖掘研究综述[J]. 计算机研究与发展, 2014, 51(4):

691-706.
[114] MARTINO DJ, SAMAME C,SSREJILEVICH SA. Stability of facial emotion recognition performance in bipolar disorder[J]. Psychiatry Research, 2016, 243: 182-184.
[115] 李锋, 潘敬奎. 基于三轴加速度传感器的人体运动识别[J]. 计算机研究与发展, 2016, 53(3):621-631.
[116] FENG L Z, WANG Y W, ZUO W L. Novel feature selection method based on random walk and artificial bee colony [J]. Journal of Intelligent & Fuzzy Systems, 2017, 32(1): 115-126.
[117] SUTHIRA P, JOHN Q G. A query suggestion method combining TF-IDF and Jaccard Coefficient for interactive web search [J]. Artificial Intelligence Research, 2015, 4(2): 119-125.
[118] 张健沛, 杨显飞, 杨静. 交叉验证容噪分类算法有效性分析及其在数据流上的应用[J]. 电子学报, 2011, 39(2): 378-382.
[119] PING Y, ZHOU Y J, YANG Y X. A novel scheme for accelerating support vector clustering [J]. Computing and Informatics, 2012, 31(3): 613-638.
[120] 赖丽萍,聂瑞华,汪疆平,等.基于 MapReduce 的改进 DBSCAN 算法[J].计算机科学, 2015,42(S2):396-399.
[121] SRIKANT R, AGRAWAL R. Mining generalized association rules[J]. Future Generation Computer Systems, 1997, 13(2-3):161-180.
[122] 王恺. 基于 MapReduce 的聚类算法并行化研究[D]. 南京:南京师范大学, 2014.
[123] 宋杰, 徐澍, 郭朝鹏,等. 一种优化 MapReduce 系统能耗的任务分发算法[J]. 计算机学报, 2016, 39(2):323-338.
[124] 王卓, 陈群, 李战怀,等. 基于增量式分区策略的 MapReduce 数据均衡方法[J]. 计算机学报, 2016(1):19-35.
[125] 荀亚玲,张继福,秦啸.MapReduce 集群环境下的数据放置策略[J].软件学报,2015,26(08):2056-2073.
[126] 廖彬,张陶,于炯,等.MapReduce 能耗建模及优化分析[J].计算机研究与发展,2016,53(09):2107-2131.
[127] KS S R, MURUGAN S. Memory based Hybrid Dragonfly Algorithm for numerical optimization problems[J]. Expert Systems with Applications, 2017, 83: 63-78.
[128] JESENIK M, BEKOVIĆ M, HAMLER A, et al. Analytical modelling of a magnetization curve obtained by the measurements of magnetic materials' properties using evolutionary algorithms[J]. Applied Soft Computing, 2017, 52:387-408.
[129] WANG ZG, SHANG XD. Artificial Bee Colony AlgorithmWith Random Search Strategy. Computer Engineering and Design[J]. 2015(11):3117-3122.
[130] CHAPELLE O, SCHÄLKOPF B, ZIEN A. Introduction to Semi-Supervised Learning[J]. Journal of the Royal Statistical Society, 2017, 172(2):1826-1831.
[131] ZHANG Y, WEN J, WANG X, et al. Semi-supervised hybrid clustering by integrating

Gaussian mixture model and distance metric learning[J]. Journal of Intelligent Information Systems, 2015, 45: 113-130.
[132] ZHOU W, PAN X, Li R, et al. The recommendation system based on semi-supervised pso clustering algorithm[C]//2016 International Forum on Mechanical, Control and Automation (IFMCA 2016). Atlantis Press, 2017: 63-71.